kosmos Naturführer

Was blüht denn da?

Franckh-Kosmos

Dietmar Aichele

Was blüht denn da?

Der Fotoband

Mit 495 Farbfotos von D. Aichele (308), H. Fürst (3), E. Garnweidner (1), M. Haberer (2), K.-H. Jacobi (1), A. Klees (1), R. König (2), H. E. Laux (62), W. Layer (6), T. Marktanner (1), M. Pforr (16), Reinhard-Tierfoto (12), P. Schönfelder (60), H. Schrempp (11), K. Wothe (9) sowie 400 Farbzeichnungen von Reinhild Hofmann (S. 36–363) und Marianne Golte-Bechtle (S. 364–435) 80 Farbzeichnungen und 96 Schwarzweiß-Zeichnungen (Fachausdrücke im Bild) von Marianne Golte-Bechtle

Umschlag von Kaselow-Design, München, unter Verwendung einer Aufnahme von Reinhard-Tierfoto.

CIP-Titelaufnahme der Deutschen Bibliothek

Was blüht denn da? : Der Fotoband ; wildwachsende Blütenpflanzen Mitteleuropas / Dietmar Aichele. – Stuttgart : Franckh-Kosmos, 1991
(Kosmos-Naturführer)
ISBN 3-440-06227-9
NE: Aichele, Dietmar

ISBN 3-440-06227-9
Lektorat: Rainer Gerstle und Anne-Kathrin Lange
Layout und Herstellung: Lilo Pabel
Printed in Germany/Imprimé en Allemagne
Satz: Kittelberger, Reutlingen
Reproduktion: PHG Lithos, Martinsried bei München
Druck: Mairs Graphische Betriebe, Ostfildern

Vorwort

„Was blüht denn da?" liegt mittlerweile in der 53. Auflage vor. Mit seiner Hilfe haben in den letzten Jahrzehnten mehr als 1 Million Pflanzenfreunde die heimische Flora kennengelernt. Dabei haben die Farbzeichnungen von M. Golte-Bechtle vielen Benutzern gute Dienste geleistet. Sie bilden Charakteristisches deutlicher ab, als es die Natur im Einzelfall zeigt. Andererseits ist es oft ein fotografiertes Exemplar, das sich dem Neuling am tiefsten einprägt. Er will „fotografisch genau" abgebildet sehen, was er in der Natur antrifft. Für ihn ist dieses Buch gedacht. Die Texte entsprechen weitgehend jenen, die sich in den bisherigen Auflagen bewährt haben. Bei rund 50% der Arten sind sie in der Rubrik „Allgemein Wissenswertes" erweitert; da und dort mußte der Originaltext gekürzt werden.
„Was blüht denn da? – Der Fotoband" ist – wie die Standardausgabe – nach Blütenfarben eingeteilt. Unstreitig ist es die Blütenfarbe, die dem unvoreingenommenen Betrachter am ehesten auffällt. Andererseits haben mir Zuschriften in den letzten Jahren gezeigt, daß viele Pflanzenfreunde auch anhand von Früchten, vor allem von Beeren, Pflanzen identifizieren wollen. Deshalb haben wir von rund 40 Arten auch die Früchte abgebildet. Anhand eines Bildschlüssels kann man rasch auffinden, zu welcher Art gefundene Früchte gehören.
Freilich bringen es die großformatigen Bilder mit sich, daß nicht alle Arten der Standardausgabe auch in den Fotoband aufgenommen werden konnten. Unscheinbare Arten blieben unberücksichtigt, vor allem, wenn sie nicht allzu häufig vorkommen. Aber sie sind es in der Regel auch nicht, die die Aufmerksamkeit dessen erregen, der die Pflanzenwelt erst kennenlernen will. Er wird, so hoffe ich, auch an „Was blüht denn da? – Der Fotoband" den verläßlichen Leitfaden finden, für den der Titel „Was blüht denn da?" mittlerweile bürgt.
Ohne die Anregung des Lektorats Natur und seine stetige Unterstützung wäre der Fotoband nicht zustande gekommen. Ich danke hierfür sehr herzlich, namentlich Rainer Gerstle, der sich um die Beschaffung der Bilder gekümmert und sie mit Sachverstand nach ihrer technischen Güte und ihrer Ästhetik ausgewählt hat und der auch sonst keine Mühe scheute. Ebenso herzlich danke ich Reinhild Hofmann und Marianne Golte-Bechtle, die einfühlsam und mit großem Einsatz die Habituszeichnungen angefertigt haben. Nicht zuletzt danke ich meiner Frau und meiner Tochter, die mich bei meinen Fotoexkursionen begleitet haben und die dafür sorgten, daß die aufgenommenen Pflanzen immer im richtigen Licht standen. Meine Frau hat mich außerdem beim Lesen der Korrekturen unterstützt. Auch dafür danke ich ihr herzlich.

Dr. Dietmar Aichele

Zum Gebrauch dieses Buches

Dies ist ein Buch für den fachlich nicht vorgebildeten Pflanzenfreund. Mit ihm kann er die häufigeren der Pflanzen, die bei uns wild vorkommen, auf einfache Weise sicher kennenlernen. Da die Blütenfarbe Leitfaden für das Identifizieren ist, wurden vor allem auffällig blühende Pflanzen aufgenommen. Für Gräser, Moose und Farne, Bäume und Sträucher wurden Naturführer geschaffen, mit deren Hilfe jedermann auch zu diesen Gewächsen leicht Zugang findet.

Anhand der Blütenfarbe allein kann man Pflanzen leider nicht bestimmen. Andere Eigentümlichkeiten müssen darüber hinaus berücksichtigt werden. Schnell und eindeutig lassen sich an Blüten die Symmetrieverhältnisse und die Zahl der Blütenblätter erkennen und in Symbolen ausdrücken. Mit ihrer Hilfe und anhand der Farbleisten findet man leicht zur Abbildung und Beschreibung einer Pflanze, die man draußen sieht. Die meisten Pflanzen besitzen radiär-symmetrische Blüten, Blüten also, durch die man mehr als eine Symmetrieachse legen kann. Zweckmäßigerweise bildet man innerhalb der Pflanzen mit radiär-symmetrischen Blüten 3 Untergruppen: Pflanzen mit 4 oder weniger Blütenblättern kennzeichnet man mit dem Symbol ✤; Pflanzen mit 5 Blütenblättern ordnet man ✿ als Symbol zu, und Pflanzen mit mehr als 5 Blütenblättern kennzeichnet man mit ❁. Pflanzen mit zweiseitig-symmetrischen Blüten bilden eine eigene Gruppe; für sie steht das Symbol ❦. Da der unvoreingenommene Betrachter „Korbblüten“ in der Regel nicht als Blütenstände, sondern als Einzelblüten ansieht, wurden Korbblütler in die Gruppe der Blütenpflanzen mit mehr als 5 Blütenblättern aufgenommen. Kurz: „Blütenblatt“ heißen in diesem Buch all die Gebilde, die der Laie dafür hält. Auch habe ich die Lippenblüten der Minzen und die Blüten von Teufelsabbiß und Wilder Karde bei den „vierzipfligen, radiär-symmetrischen Blüten“ aufgeführt; denn der nicht Vorgeschulte wird an ihnen zweiseitige Symmetrie kaum erkennen.

Der Vergleich der gefundenen Pflanze mit der Fotografie ist der Hauptschritt bei der raschen Identifikation. Da die Fotografie die Pflanze meist porträtiert und in ihrer Umgebung abbildet, ihre Gestalt infolgedessen oft nicht erkennen läßt, hilft hierbei die Habitusskizze. Das Identifizieren der Pflanzen wird dadurch gewissermaßen „auf zwei Beine gestellt“, wesentlich erleichtert und sicherer gemacht. Durch Abstraktion sollen die Zeichnungen andeuten, wie sehr Merkmale innerhalb einer Art variieren können. Solche Variationen betreffen – außer der Blattform – vor allem Nuancierungen der Blütenfarbe und abweichende Tönungen der Blätter. Wo Zweifel bleiben, schafft der Text Klarheit. Unter **„SK“** wurden „Sichere Kennzeichen“ zusammengefaßt. Sie ermöglichen eine Schnellbestimmung. Unter **„B“** sind weitere Kennzeichen aufgeführt. Die hier verwendeten Fachausdrücke werden in der Einleitung anhand von Zeichnungen erklärt. Erfahrungsgemäß führt dies sicherer zum Ziel als eine noch so gute begriffliche Umschreibung. Unter **„SV“** findet der Leser Wissenswertes über Standortsverhältnisse und Verbreitung. Die Verbreitungsangaben (z. B. „selten“) beziehen sich auf die Wahrscheinlichkeit, mit der man die Pflanzen draußen in der Natur auch tatsächlich antrifft. Unter **„A“** ist „Allgemein Wissenswertes“ zusammengefaßt. Großbuchstaben kennzeichnen die Zugehörigkeit zu der taxonomischen Gruppe der einkeimblättrigen Pflanzen („M“) bzw. zu den früher als zusammengehörig aufgefaßten „Gruppen“ der „getrenntblütenblättrigen“ („G“) und der „verwachsenblütenblättrigen“ („V“) Blütenpflanzen. Hier stehen – ausgedrückt mit den gebräuchlichen Symbolen – Angaben über den Lebenszyklus der Pflanze, über ihre eventuelle Giftigkeit und darüber, ob und welchen Schutz sie genießt.

Wildpflanzen, die man nicht sicher als ungiftig kennt, sollte man nicht verzehren. Auch bei bekannt ungiftigen Arten muß man daran denken, daß sie durch Unkraut- oder Insektenbekämpfungsmittel mit Giften in Berührung gekommen sein können. Außerdem kann man sich in manchen Gegenden eine tödliche Infektion durch die Eier des Fuchsbandwurms holen, die an Pflanzenteilen haften können. So sehr also Vorsicht geboten ist, so wenig sollte man die Giftigkeit von Pflanzen hysterisch aufbauschen. Vergiftungen durch Pflanzen sind weit seltener als solche, die im Haushalt passieren, und wenn es tatsächlich dazu kommt, so sind sie meist durch rechtzeitiges ärztliches Handeln beherrschbar.

Wer auch in der Pflanze nicht nur einen schönen Gegenstand, sondern vielmehr ein Lebewesen sieht, der möchte gleichsam „Persönliches“ über sie erfahren: Auch das Tier erschließt sich dem Menschen ja erst, wenn er sein Verhalten kennt. Dem sollen die weiteren Angaben dienen, die unter **„A“** gemacht sind.

Leser, die sich schon seit Jahren mit heimischen Pflanzen beschäftigen, finden eine für sie stellenweise neuartige Einteilung des Pflanzenreichs und da und dort unvertraute Namen. Die Kapitel „Einteilung im Pflanzenreich“ und „Hauptgruppen des Pflanzenreichs“ fußen auf der Darstellung dieser Gebiete in „Strasburgers Lehrbuch der Botanik“, 32. Aufl. 1983, bzw. der 33. Aufl. 1990, von der mir Prof. F. Ehrendorfer freundlicherweise Fahnenabdrucke zugänglich gemacht hat, wofür ich ihm herzlich danke. Die in diesem Lehrbuch getroffene Einteilung wird weithin als derzeitiger Stand des Wissens anerkannt. In der Benennung der Arten habe ich mich an die „Liste der Gefäßpflanzen Mitteleuropas“ gehalten, die Friedrich Ehrendorfer federführend zusammengestellt hat. Sie will helfen, den Gebrauch der Namen zu vereinheitlichen.

Dr. Dietmar Aichele

Hinweise für die Benutzung des Buches

Die Tabelle auf Seite 1 hilft Ihnen, Pflanzen rasch zu identifizieren. Sie brauchen nur 3 einfache Fragen zu beantworten:

Fragen:
1. Welche Blütenfarbe hat die fragliche Pflanze?[1]
2. Hat die Pflanze radiär-symmetrische Blüten? Wenn ja, wie viele Blütenblätter oder -zipfel besitzt die Blüte?
3. Ist die Blüte zweiseitig-symmetrisch?

Bitte schlagen Sie jetzt die in der Tabelle angegebene Farbuntergruppe auf. Vergleichen Sie durch Umblättern alle Pflanzen dieser Untergruppe mit der, die Sie gefunden haben. Die Beschreibung unter **„SK“** und **„B“** sichert die Identifikation.

[1] Nicht immer läßt sich unter mehreren Betrachtern Einigkeit darüber erzielen, ob eine Pflanze violett, blau oder rot blüht. Ich habe mich bemüht, die Farbe einer Blüte so zu benennen, wie sie von den meisten Menschen gesehen wird. Was üblicherweise violett gesehen wird, habe ich bei der Farbgruppe „Blau/violett“ aufgeführt. Dennoch könnten vereinzelt Pflanzen, die als violett angesehen werden, jemandem rot erscheinen (und umgekehrt!), zumal die Blütenfarbe regional und auch abhängig vom Alter der Pflanze etwas variieren kann. Führt deshalb eine Bestimmung nicht zum Ziel, so empfiehlt es sich, unter der Farbgruppe nachzuschlagen, in die die Pflanze ebenfalls eingeordnet werden könnte. Gelegentlich wachsen neben blau oder violett blühenden Exemplaren einzelne mit weißen Blüten, die indessen offensichtlich artgleich sind. Dann liegt Albinismus vor, d. h. die Bildung des Farbstoffes ist erblich gestört. In solchen Fällen ist die Art nur unter der „normalen“ Blütenfarbe aufgeführt, nicht jedoch unter der abweichenden.

Bestimmungsbeispiel:
An einem Waldrand auf der Schwäbischen Alb wird im März eine violett blühende Pflanze aufgefunden. Sie hat 6 Blütenblätter. Die Übersichtstabelle verweist auf die Farbgruppe „Blau/violett, radiär-symmetrische Blüte mit mehr als 5 Blütenblättern", also auf die Seiten 370–379. Von den 10 Arten dieser Farbgruppe scheiden diejenigen auf den S. 372–378 wegen offensichtlicher Unähnlichkeit mit der gefundenen sofort aus. Die Blätter unserer Pflanze sind, wie ein rascher Blick zeigt, noch nicht entwickelt. Sollte von ihnen jedoch schon etwas zu sehen sein, dann erkennt man sie auch als gefiedert. Keinesfalls sind sie immergrün und dreilappig oder sommergrün und grasartig schmal. Damit kann es sich bei der aufgefundenen Pflanze nur um die Echte Küchenschelle *(Pulsatilla vulgaris)* handeln. Die Beschreibung (**SK** und **B**) der Echten Küchenschelle bestätigt die Richtigkeit der vollzogenen Identifikation. Ein Vergleich mit den Beschreibungen der allenfalls grob ähnlichen Arten „Dreilappiges Leberblümchen" (*Hepatica nobilis*, S. 371) und „Violetter Safran" (*Crocus neapolitanus*, S. 379) schließt selbst letzte Zweifel aus.

Fachausdrücke im Bild

Blütenstände

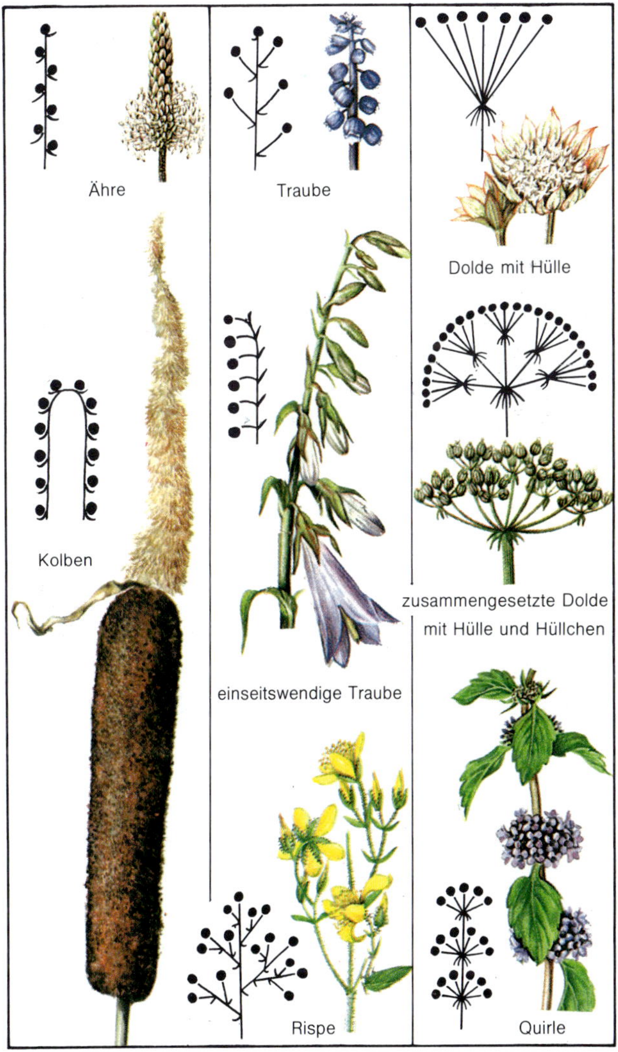

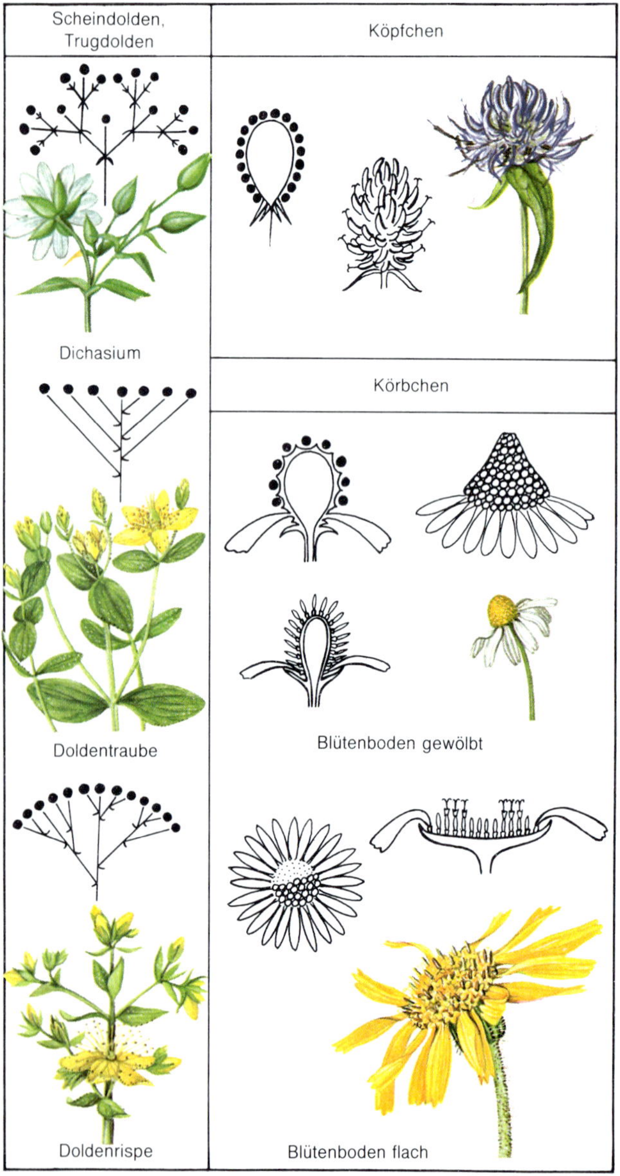
Scheindolden, Trugdolden
Köpfchen
Dichasium
Körbchen
Doldentraube
Blütenboden gewölbt
Doldenrispe
Blütenboden flach

Blüte

zweiseitig symmetrisch
flach
getrenntblättrig
glockig
Orchideenblüte
Leinkrautblüte
Lippenblüten
Veilchen
Schmetterlingsblüte

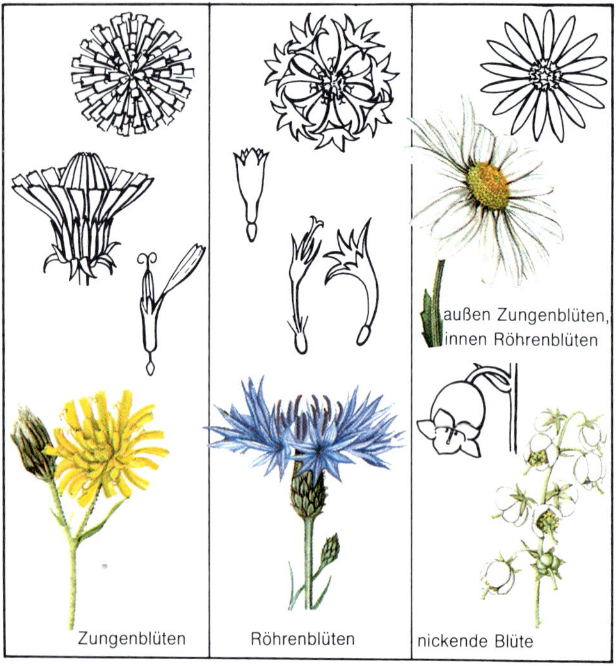
außen Zungenblüten,
innen Röhrenblüten
Zungenblüten
Röhrenblüten
nickende Blüte

Kelch

getrenntblättrig
bauchig
nervig
verwachsen
aufgeblasen
zweilippig

Blattspreite

pfeilförmig
gefingert
spießförmig
dreizählig
handförmig
handförmig gelappt
fiederschnittig / schrotsägeförmig

gefiedert
unpaarig gefiedert
mit Ranke
paarig gefiedert
mit Spitzchen
unpaarig gefiedert
Nebenblätter mit Ranke

Nervatur

fiedernervig
parallelnervig
netznervig

Blattrand

ganzrandig
gezähnt
gebuchtet
gesägt
gekerbt
schrotsägerandig
doppelt gesägt
dornig gezähnt

Blattstellung

Stengel

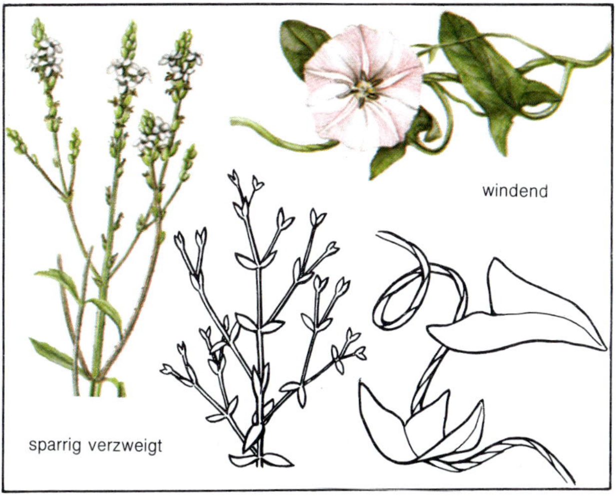

Unterirdische Pflanzenteile

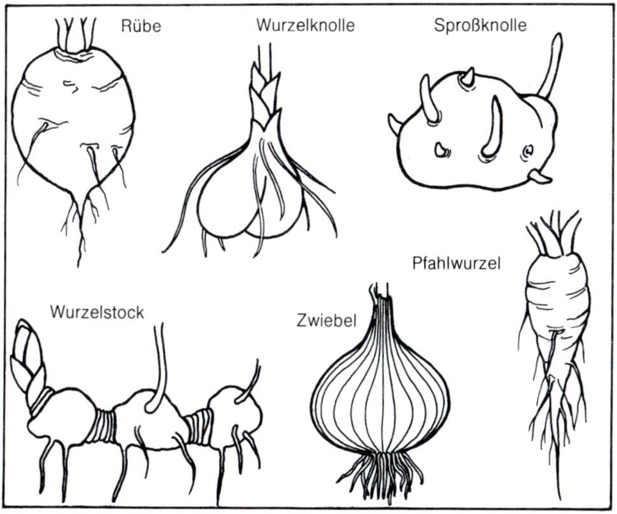

Die Einteilung im Pflanzenreich

Viele Gemeinsamkeiten, die selbst Laien auf den ersten Blick sehen, gründen auf einem „Bauplan“ (z. B. Schmetterlingsblütengewächse). Man darf ihn als entstanden aus Frühformen verstehen, die vor mehr oder minder langer Zeit gelebt haben. Die Gleichheit der Erbsubstanz, der Bau aus Zellen – um nur einiges zu nennen – deutet möglicherweise auf nur einen Ursprung aller Lebewesen. Nach dem Grad ihrer Übereinstimmung kann man sie in ein System ordnen. Dessen Gruppen umfassen um so mehr verschiedenartige Lebewesen, je weniger sie sich ähneln. Für den Alltagsgebrauch sind Gruppen großen Umfangs vielfach ebensowenig tauglich wie solche, deren Angehörige nur mit Mühe voneinander unterschieden werden können. Was also zu einer Gruppe gehörend angesehen und mit einem Begriff versehen wird, der die Rangstufe kennzeichnet, nennt man ein „Taxon“. Beschrieben, errichtet wird es auf Artstufe anhand von Beobachtungen an einem einzigen Individuum. Den Umfang oder Rang einer Gruppe legt die Taxonomie fest.

Gebräuchliche Taxa im Pflanzenreich sind:
(in Anlehnung an Strasburger: Lehrbuch der Botanik, 32. Aufl., 1983)

Art	Echte Küchenschelle	*Pulsatilla vulgaris*
Gattung	Küchenschelle	*Pulsatilla*
Familie	Hahnenfußgewächse	*Ranunculaceae*
Ordnung	Hahnenfußartige Gewächse (auch: Hahnenfußartige)	*Ranunculales*
Überordnung	kein gebräuchlicher deutscher Name	*Ranunculanae*
Unterklasse	kein gebräuchlicher deutscher Name	*Ranunculidae*
Klasse	Zweikeimblättrige Bedecktsamer	*Dicotyledoneae (= Magnoliatae)*
Unterabteilung	Bedecktsamer	*Angiospermae (= Angiospermophytina, Magnoliophytina)*
Abteilung	Samenpflanzen	*Spermatophyta*
Unterreich	kein gebräuchlicher deutscher Name	*Cormobionta*
Reich	kein gebräuchlicher deutscher Name	*Eukaryota*

Was zu einer Gattung gerechnet wird, bestimmt nicht etwa eine „Artenmindestzahl". Die Gattung Huflattich *(Tussilago)* umfaßt nur eine Art *(Tussilago farfara)*. Sie ist „monotypisch". Beim Greiskraut *(Senecio)* unterscheiden Spezialisten hingegen fast 1500 Arten. Daher machen artenreiche Gruppen dem, der sie erst kennenlernen will, oft besondere Schwierigkeiten.

Das Benennen einer Art durch den an erster Stelle stehenden Gattungsnamen (z.B. *Pulsatilla)* und das nachfolgende Epitheton (z.B. *vulgaris)* soll durch seinen einheitlichen Gebrauch über die Sprachgrenzen hinweg Klarheit schaffen. Unmißverständlich kann sie aber nur durch Laien störende Zusatzvereinbarungen erzielt werden: Namengeber ist, wer in einer festgelegten Weise des Vorgehens als erster die Pflanze „gültig" benannt hat. Daher fügt man dem Epitheton – um bestmögliche Eindeutigkeit zu schaffen – auch noch den Namen des Erstbenenners, ja die Jahreszahl und den Veröffentlichungsort an, in dem die gültige Veröffentlichung vorgenommen wurde (z.B. *Pulsatilla vulgaris* Miller Gard. Dict. ed. 8, nr. 1, 1768). Immer wieder werden bei genauer Nachprüfung Mißverständnisse entdeckt, die eine Umbenennung zur Folge haben. Natürlich kann diese auch das Ergebnis neuerer oder mit neuen Gründen auf den alten Stand zurückgeführter Erkenntnisse sein. Für den Pflanzenfreund überwiegt allzu meist das Ärgernis über die ihm willkürlich erscheinende Namengebung, und wer dies nicht als berechtigt anerkennt, läuft möglicherweise Gefahr, betriebsblind zu sein und vor lauter Korrektheit das Praktikable zu übersehen.

Damit aus alten Veröffentlichungen ausgegrabenen Umbenennungen eine Zeitgrenze in die Vergangenheit gezogen werden kann, darf eine gültige Benennung auf Artstufe 1753, das Erscheinungsdatum von Linnés bahnbrechendem Werk „Species plantarum", in dem zahllose Pflanzenarten trefflich beschrieben wurden, nicht überschreiten.

Die Hauptgruppen des Pflanzenreichs

(in Anlehnung an Strasburger: Lehrbuch der Botanik, 32. Aufl. 1983)

Anmerkungen zu Systematik und Taxonomie

Ähnlichkeit beruht oft darauf, daß die Lebewesen gemeinsame Vorfahren besaßen: Sie bilden eine „Abstammungsgemeinschaft", sind also miteinander verwandt. Es ist das Ziel der Systematik, Abstammungsgemeinschaften zu erkennen. Aufgabe der Taxonomie ist es, die „Taxa" zu beschreiben, zu benennen, im Rang einzustufen und sie hierarchisch zu ordnen.
Ähnlichkeit kann indessen auch zustande kommen, wenn Lebewesen durch Umweltbedingungen auf Merkmale ausgelesen worden sind, die sie unter den Gegebenheiten haben überleben lassen, oder wenn sie eine gleiche Entwicklungsstufe erreicht haben. Baum- oder Strauchwuchs, Zwiebel- oder Rosettenbildung treten bei Pflanzen auf, die den unterschiedlichsten Taxa angehören. Würde man nach solchen Merkmalen gruppieren, erhielte man künstliche, formale Systeme, weil in ihnen keine Abstammungsgemeinschaften erfaßt sind. Wir zögern z. B. keine Sekunde, pigmentierte Wasserpflanzen ohne beblätterten Sproß und Wurzeln Algen zu nennen. In diesem Begriff fassen wir indessen recht unterschiedliche Abstammungsgemeinschaften zusammen. „Alge" ist kein tauglicher taxonomischer Begriff. Gleichwohl ist es sinnvoll, von Algen zu sprechen, wenn man sich rasch im Pflanzenreich orientieren will. Nennt man eine Pflanze „Alge", kennzeichnet man damit ihren „Organisationstyp", stuft sie aber nicht taxonomisch ein.
Mit Hilfe von Begriffen, die sich auf die Organisationsform bzw. auf die Organisationshöhe beziehen, erleichtert man sich die Orientierung in der Vielfalt der Lebewesen. Deswegen haben wir sie in der folgenden Übersicht verwendet. Andererseits findet eine derartige Kennzeichnung keinen Platz in einem hierarchisch-taxonomischen System, das die stammesgeschichtlichen Zusammenhänge nach dem derzeitigen Kenntnisstand abbildet.

A. Prokaryota – Lebewesen ohne echten Zellkern

Organisationstyp Bakterien
1. Abteilung: Archebacteria (frei übersetzt: Urbakterien; taxonomische Gliederung noch offen.)
2. Abteilung Eubacteria (frei übersetzt: Echte Bakterien; 2 Klassen.)

Organisationstyp Prokaryotische Algen (frei übersetzt: Algen ohne echten Zellkern)

1. Abteilung: Cyanophyta (Blaualgen; 1 Klasse)
2. Abteilung: Prochlorophyta (frei übersetzt: Vorläufer der Grünalgen; bisher nur wenige Arten bekannt; Gliederung noch offen.)

B. Eukaryota – Lebewesen mit echtem Zellkern

Organisationstyp Eukaryotische Algen (Algen mit echtem Zellkern)
7 Abteilungen, in denen meist insgesamt 13 Klassen unterschieden werden.

Organisationstyp Schleimpilze
3 Abteilungen mit zusammen 5 Klassen

Organisationstyp Pilze
2 Abteilungen mit zusammen 5 Klassen

Organisationsstufe Flechten
2 Klassen

Organisationstyp Moose und Gefäßpflanzen
1. Abteilung: Bryophyta (Moose; 3 Klassen)
2. Abteilung: Pterydophyta (Farnpflanzen; 5 Klassen)
3. Abteilung: Spermatophyta (Samenpflanzen)
Organisationsstufe Nacktsamer
1. Unterabteilung: Coniferophytina (Gabel- und Nadelblättrige Nacktsamer; 2 Klassen)
2. Unterabteilung: Cycadophytina Fiederblättrige Nacktsamer; 4 Klassen)
Organisationsstufe Bedecktsamer
3. Unterabteilung: Angiospermae = Angiospermophytina = Magnoliophytina (Bedecktsamer)
1. Klasse: Dicotyledoneae = Magnoliatae (Zweikeimblättrige Bedecktsamer; 8 Unterklassen)
2. Klasse: Monocotyledoneae = Liliatae (Einkeimblättrige Bedecktsamer; 3 Unterklassen).

Auswahl von Unterklassen, Überordnungen, Ordnungen und Familien, aus denen Vertreter in diesem Buch aufgeführt sind.

1. Klasse: Dicotyledoneae (= Magnoliatae) – Zweikeimblättrige Bedecktsamer

1. Unterklasse: Magnoliidae

	Familie:
Überordnung: Magnolianae	
Ordnung: Aristolochiales – Osterluzeiartige	*Aristolochiaceae* – Osterluzeigewächse
Überordnung: Nymphaeanae	
Ordnung: Nymphaeales - Seerosenartige	*Nymphaeaceae* – Seerosengewächse

2. Unterklasse: Ranunculidae

Überordnung: Ranunculanae	
Ordnung: Ranunculales – Hahnenfußartige	*Ranunculaceae* – Hahnenfußgewächse *Berberidaceae* – Berberitzengewächse
Ordnung: Papaverales – Mohnartige	*Papaveraceae* – Mohngewächse *Fumariaceae* – Erdrauchgewächse

3. Unterklasse: Caryophyllidae

Überordnung: Caryophyllanae	
Ordnung: Caryophyllales – Nelkenartige	*Caryophyllaceae* – Nelkengewächse *Amaranthaceae* – Fuchsschwanzgewächse *Chenopodiaceae* – Gänsefußgewächse
Überordnung: Polygonanae	
Ordnung: Polygonales – Knöterichartige	*Polygonaceae* – Knöterichgewächse
Überordnung: Plumbaginanae	
Ordnung: Plumbaginales – Bleiwurzartige	*Plumbaginaceae* – Strandnelkengewächse

4. Unterklasse: Hamamelididae

Überordnung: Urticanae	
Ordnung: Urticales – Brennesselartige	*Ulmaceae* – Ulmengewächse *Cannabaceae* – Hanfgewächse *Urticaceae* – Brennesselgewächse

5. Unterklasse: Rosidae

Überordnung: Rosanae	
Ordnung: Saxifragales – Steinbrechartige	*Crassulaceae* – Dickblattgewächse *Saxifragaceae* – Steinbrechgewächse
Ordnung: Rosales - Rosenartige	*Rosaceae* – Rosengewächse
Überordnung: Fabanae	
Ordnung: Fabales – Schmetterlingsblütenartige	*Fabaceae* – Schmetterlingsblütengewächse
Überordnung: Myrtanae	
Ordnung: Myrtales – Myrtenartige	*Onagraceae* – Nachtkerzengewächse *Lythraceae* – Weiderichgewächse
Ordnung: Haloragales – Seebeerenartige	*Haloragaceae* – Seebeerengewächse
Überordnung: Rutanae	
Ordnung: Rutales – Rautenartige	*Rutaceae* – Rautengewächse
Ordnung: Sapindales – Seifenbaumartige	*Aceraceae* – Ahorngewächse
Ordnung: Geraniales – Storchschnabelartige	*Oxalidaceae* – Sauerkleegewächse *Linaceae* – Leingewächse

	Geraniaceae – Storchschnabelgewächse
	Balsaminaceae – Balsaminengewächse
Ordnung: Polygalales - Kreuzblümchenartige	*Polygalaceae* – Kreuzblümchengewächse
Überordnung: Celastranae	
Ordnung: Celastrales – Spindelbaumartige	*Celastraceae* – Spindelbaumgewächse
Rhamnales – Kreuzdornartige	*Rhamnaceae* – Kreuzdorngewächse
Ordnung: Santalales - Sandelartige	*Santalaceae* – Sandelgewächse *Oleaceae* – Ölbaumgewächse *Viscaceae* – Mistelgewächse
Überordnung: Euphorbianae	
Ordnung: Euphorbiales – Wolfsmilchartige	*Euphorbiaceae* – Wolfsmilchgewächse
Ordnung: Thymelaeales – Seidelbastartige	*Thymelaeaceae* – Seidelbastgewächse
Ordnung: Eleagnales – Ölweidenartige	*Eleagnaceae* – Ölweidengewächse
Überordnung: Aralianae	
Ordnung: Araliales – Aralienartige	*Araliaceae* – Araliengewächse *Apiaceae* – Doldengewächse

6. Unterklasse: Dilleniidae

Überordnung: Theanae	
Ordnung: Theales – Teestrauchartige	*Hypericaceae* – Hartheugewächse
Ordnung: Droserales – Sonnentauartige	*Droseraceae* – Sonnentaugewächse
Überordnung: Violanae	
Ordnung: Violales – Veilchenartige	*Violaceae* – Veilchengewächse *Cistaceae* – Zistrosengewächse
Ordnung: Capparales – Kapernstrauchartige	*Brassicaceae* – Kreuzblütengewächse *Resedaceae* – Resedengewächse
Ordnung: Cucurbitales – Kürbisartige	*Cucurbitaceae* – Kürbisgewächse
Überordnung: Malvanae	
Ordnung Malvales – Malvenartige	*Tiliaceae* – Lindengewächse *Malvaceae* – Malvengewächse
Überordnung: Primulanae	
Ordnung: Primulales – Primelartige	*Primulaceae* – Primelgewächse
Überordnung: Cornanae	
Ordnung: Cornales – Hartriegelartige	*Aquifoliaceae* – Stechhülsengewächse *Cornaceae* – Hartriegelgewächse
Ordnung: Ericales – Heidekrautartige	*Ericaceae* – Heidekrautgewächse *Pirolaceae* – Wintergrüngewächse *Monotropaceae* – Fichtenspargelgewächse

7. Unterklasse Lamiidae

Überordnung Gentiananae	
Ordnung: Dipsacales – Kardenartige	*Sambucaceae* – Holundergewächse *Caprifoliaceae* – Geißblattgewächse *Adoxaceae* – Moschuskrautgewächse *Valerianaceae* – Baldriangewächse *Dipsacaceae* – Kardengewächse
Ordnung: Oleales – Ölbaumartige	*Oleaceae* – Ölbaumgewächse
Ordnung: Gentianales – Enzianartige	*Gentianaceae* – Enziangewächse *Menyanthaceae* – Fieberkleegewächse *Apocynaceae* – Hundsgiftgewächse

	Asclepiadaceae – Schwalbenwurzgewächse *Rubiaceae* – Rötegewächse
Überordnung: Solananae	
Ordnung: Solanales – Nachtschattenartige	*Solanaceae* – Nachtschattengewächse *Convolvulaceae* – Windengewächse *Cuscutaceae* – Seidengewächse
Ordnung: Boraginales – Borretschartige	*Boraginaceae* – Borretschgewächse
Überordnung: Lamianae	
Ordnung: Scrophulariales – Braunwurzartige	*Scrophulariaceae* – Braunwurzgewächse *Globulariaceae* – Kugelblumengewächse *Orobanchaceae* – Sommerwurzgewächse *Lentibulariaceae* – Wasserschlauchgewächse *Plantaginaceae* – Wegerichgewächse
Ordnung: Hippuridales – Tannenwedelartige	*Hippuridaceae* – Tannenwedelgewächse
Ordnung: Lamiales – Lippenblütenartige	*Lamiaceae* – Lippenblütengewächse

8. Unterklasse: Asteridae

Überordnung: Asteranae	
Ordnung: Campanulales – Glockenblumenartige	*Campanulaceae* – Glockenblumengewächse
Ordnung: Asterales – Korbblütenartige	*Asteraceae* – Korbblütengewächse

2. Klasse: Monocotyledoneae (= Liliatae) – Einkeimblättrige Bedecktsamer

1. Unterklasse: Alismatidae

Ordnung: Alismatales – Froschlöffelartige	*Alismataceae* – Froschlöffelgewächse
Ordnung: Hydrocharitales – Froschbißartige	*Hydrocharitaceae* – Froschbißgewächse
Ordnung: Zosterales – Seegrasartige	*Potamogetonaceae* – Laichkrautgewächse

2. Unterklasse: Liliidae

Überordnung: Lilianae	
Ordnung: Dioscoreales – Yamswurzartige	*Trilliaceae* – Dreiblattgewächse
Ordnung: Asparagales – Spargelartige	*Convallariaceae* – Maiglöckchengewächse *Asphodelaceae* – Affodillgewächse *Alliaceae* – Lauchgewächse *Hyacinthaceae* – Hyazinthengewächse *Amaryllidaceae* – Amaryllisgewächse
Ordnung: Liliales – Lilienartige	*Colchicaceae* – Zeitlosengewächse *Liliaceae* – Liliengewächse *Melanthiaceae* – Schwarzliliengewächse *Iridaceae* – Schwertliliengewächse
Ordnung: Orchidales – Orchideenartige	*Orchidaceae* – Orchideengewächse
Überordnung: Juncanae	
Ordnung: Typhales – Rohrkolbenartige	*Typhaceae* – Rohrkolbengewächse

3. Unterklasse: Arecidae

Überordnung: Aranae	
Ordnung: Arales – Aronstabartige	*Araceae* – Aronstabgewächse

Zur Identifikation fruchtender Pflanzen

Unter den Früchten fallen Beeren oder was man als Laie dafür hält – wie etwa Him„beere" oder Erd„beere", von denen die erste eine Sammelsteinfrucht, die letztere eine Scheinfrucht darstellt – am meisten auf. Deshalb habe ich die bei uns häufigsten „Beeren" in den „Bilderschlüssel" aufgenommen. Manche dieser Früchte sehen verlockend aus, obschon sie giftig sind. Damit man unliebsame Erfahrungen vermeidet, sollte man sie genau kennen. Doch ist – wie auf S. 7 ausgeführt – auch bei ungiftigen Beeren eine gewisse Vorsicht geboten. Andererseits gibt es Früchte, die erkennbar keine Beeren sind und die dennoch erfahrungsgemäß die Aufmerksamkeit von Pflanzenfreunden erregen, weil sie in ihrer Art ungewöhnlich sind. Eindeutig ist dies bei der Frucht der Herbstzeitlosen so, über die sich schon viele Spaziergänger gewundert haben, weil sie nicht wußten, worum es sich bei ihr handelt. Auch die Kapseln des Europäischen Pfaffenhütchens und die in ihnen enthaltenen, mit leuchtend orangegelbem Mantel umgebenen Samen gehören hierher. Deshalb wurden auch sie abgebildet.
Wie benutzt man den Schlüssel? Er ist in zwei „Abteilungen" gegliedert. Die eine enthält Früchte, die blau oder schwarz sind, die andere alle jene, die eine andere Farbe zeigen. In jeder Abteilung sind zuerst die Früchte jener Gewächse abgebildet, die baum- oder strauchartig wachsen; ihnen folgen die Früchte der niedrigwüchsigen Sträucher bzw. die der Kräuter. In der Praxis wird man schon beim Überfliegen der Bilder rasch Klarheit bekommen, welche Frucht man in der Natur gefunden hat. Die Seitenzahlen verweisen auf den Text und damit auf die Beschreibung der Pflanzen, dank derer dann eventuelle Unklarheiten beseitigt werden können. Früchte lassen sich mit einiger Sicherheit nur bestimmen, wenn sie reif sind; denn erst dann zeigen sie ihre charakteristische Färbung. Zuweilen dauert aber das „Vorreifestadium" länger als die Zeit, in der voll ausgefärbte Beeren an der Pflanze hängen. Beim Wolligen Schneeball bleiben die Beeren lange rot, ehe sie schwarz werden; doch sind oft einzelne frühzeitig schwarz. Deshalb wird der Benutzer automatisch in der Tabelle „blaue oder schwarze Früchte" nachschlagen, weil einleuchtet, daß eine schwarze Beere nicht mehr rot werden kann, also vollreif sein muß. Auch bei den Weißwurz-Arten, vor allem bei der Quirlblättrigen Weißwurz, bleiben die Beeren lange rötlich. Deswegen haben wir die Früchte dieser Art im Schlüssel für rote Beeren abgebildet und bei den anderen Arten zusätzlich auf sie verwiesen.

Vogelkirsche S. 73

Mehl-Vogelbeere S. 77

Wilde Vogelbeere S. 78

Eingriffl. Weißdorn S. 76

Zweigriffl. Weißdorn S. 75

Herlitze S. 151

Gem. Schneeball S. 91

Rote Heckenkirsche S. 128

Dtsch. Geißblatt S. 129

Sauerdorn S. 167

Pfaffenhütchen S. 411

Stech-Hülse S. 47

Trauben-Holunder S. 185

Himbeere S. 69

Mistel S. 139

Seidelbast S. 252

Rote Zaunrübe S. 88

Quirlbl. Weißwurz S. 120

Bittersüßer Nachtschatten S. 357

Preiselbeere S. 90

Stein-Brombeere S. 68

Aronstab S. 417

Schattenblume S. 53

Maiglöckchen S. 117

Wald-Erdbeere S. 66

Herbst-Zeitlose S. 299

Moosbeere S. 278

Schw. Holunder S. 93

Efeu S. 422

Trauben-Kirsche S. 74

Schwarzdorn S. 72

Roter Hartriegel S. 46

Liguster S. 48

Woll. Schneeball S. 92

Echte Brombeere S. 70

Tollkirsche S. 425

Ähren-Christophskraut S. 37

Schw. Nachtschatten S. 96

Vielbl. Weißwurz S. 118 (120)

Gem. Weißwurz S. 119 (120)

Heidelbeere S. 423

Einbeere S. 427

Bitte beachten Sie:
Obwohl unsere Verpflichtung zum Schutz der Natur heute allgemein anerkannt wird, möchte ich ausdrücklich auf sie verweisen. Schutzvorschriften müssen beachtet werden! Es ist nicht zuletzt Sinn aller Bestimmungsbücher, den verantwortungsbewußten Umgang mit der Natur zu fördern. Nur was man kennt, kann man schützen!

Abkürzungen und Symbole

SK:	Sichere Kennzeichen
B:	Beschreibung
SV:	Standort und Verbreitung
A:	Allgemein Wissenswertes
M:	Monokotyle; Einkeimblättrige Blütenpflanze
G:	Getrenntblütenblättrige Pflanze
V:	Verwachsenblütenblättrige Pflanze
⊙:	Einjährige Pflanze
⚇:	Zweijährige Pflanze
♃:	Ausdauernde Pflanze
♄:	Holzgewächs
☠:	Giftige Pflanze
(☠):	Schwach giftige oder giftverdächtige Pflanze
∇:	Schutzwürdige Pflanze

Betonungszeichen bei den wissenschaftlichen Namen

Betonte Vokale sind durch á (z. B. á), betonte Doppelvokale durch $\overline{au}$ (z. B. $\overline{au}$) gekennzeichnet.

Blütenformen

 Blüten mit höchstens 4 Blütenblättern

 Blüten mit 5 Blütenblättern

 Blüten mit mehr als 5 Blütenblättern oder Korbblütler

 Zweiseitig symmetrische Blüten

Weiße Waldrebe

Gemeine Waldrebe
Clématis vitálba
Hahnenfußgewächse
Ranunculáceae

Juni–Juli
bis 7 m

SK: Keine Verwechslungsmöglichkeit.

B: Blüten in blattachsel- und endständigen Trugdolden. Blüte besteht nur aus den 4–5 Kelchblättern. Diese sind innen weiß, außen bis auf einen weißen Randstreifen grünlichgelb. Blätter gegenständig, gefiedert. Teilblätter eilänglich-herzförmig, spitz. Blattstiele ranken.

SV: Auwälder, Waldränder, Gebüsche, Trockenwälder; liebt kalkreiche, tiefgründige Lehmböden; stickstoffliebend, wärmeliebend, zerstreut.

A: G; ♄; ☠

Die Pflanze fällt im Herbst und im Winter durch ihre wollknäuelartigen Fruchtstände auf. Eine der wenigen mitteleuropäischen Lianen. Enthält das Gift Protoanemonin.

Ähren-Christophskraut

Actǣa spicáta
Hahnenfußgewächse
Ranunculáceae

Mai – Juni
30 – 60 cm

SK: Blüten in einer eiförmigen Traube. Blätter dreizählig – doppelt gefiedert, zerrieben unangenehm riechend.

B: Endständige und seitenständige Trauben. Blüten klein, mit 4 Kelch- und 4 Blütenblättern. Blätter doppelt dreizählig. Beere eiförmig, schwarz.

SV: Bergwälder, Mischwälder, Laubwälder; liebt lockeren, steinigen, feuchten Boden; selten.

A: G; ♃; ☠

Alte Heilpflanze, Beeren und Samen gelten (durch einen noch unbekannten Stoff) als giftig. Der deutsche Name bezieht sich auf den Heiligen Christophorus, den Schutzpatron gegen die Pest. Gegen diese Krankheit wurde das Christophskraut früher verwendet.

Großes Hexenkraut

Gemeines Hexenkraut
Circāēa lutetiána
Nachtkerzengewächse
Onagráceae (Oenotheráceae)

Juli–August
20–60 cm

SK: Blütenstiele ohne Tragblätter. Blätter behaart, matt.

B: Endständige Traube. Blüten weiß oder schwach rosa. Stengel aufrecht oder aufsteigend, behaart. Blätter eiförmig-lanzettlich.

SV: Auwälder, feuchte Laubwälder, Mischwälder und Nadelforste, auch auf Kahlschlägen; liebt feuchten, lehmigen, stickstoffhaltigen Boden; häufig.

A: G; ♃

Die Herkunft der Gattungsnamen ist unklar. Beide beziehen sich auf Zauberkräfte (Circe = Zauberin in der griechischen Mythologie). Das wissenschaftliche Art-Epithet „lutetiana“ verweist auf Paris, das römische Lutetia. Enthält Oxalate.

Acker-Rettich

Wilder Rettich, Hederich
Ráphanus raphanístrum
Kreuzblütengewächse
Brassicáceae (Crucíferae)

Juni – August
30 – 60 cm

SK: Blüten hellgelb oder weiß, mit dunkelgelben oder violetten Adern. Kelchblätter aufrecht. Fruchtknoten und Früchte mehr als dreimal so lang wie breit. Frucht zwischen den Samen stark eingeschnürt.

B: Doldenähnliche Traube. Stengel steifhaarig. Untere Blätter leierförmig, obere lanzettlich.

SV: Unkrautbestände auf Äckern, seltener in Gärten und auf Schuttplätzen; liebt kalkarmen, lehmigen Boden; auch auf Sandböden; zeigt oberflächliche Bodenversauerung; häufig.

A: G; ⊙

Der Hederich ist wahrscheinlich die Wildform des Rettichs. „Rettich" ist aus dem lateinischen „radix" = Wurzel eingedeutscht worden.

Gemeines Hirtentäschelkraut

Hirtentäschel
Capsélla búrsa-pastóris
Kreuzblütengewächse
Brassicáceae (Crucíferae)

März – Oktober
20 – 40 cm

SK: Blüten in lockerer Traube, mit endständiger Trugdolde. Fruchtknoten und Früchte dreieckig bis keil-herzförmig, aufrecht abstehend, oben am breitesten.

B: Stengel ästig. Grundständige Blattrosette. Grundblätter schrotsägeförmig-fiederteilig. Oberste Blätter ganzrandig.

SV: Unkrautbestände auf Äckern, in Gärten und Weinbergen, auf Bahndämmen, auf Schuttplätzen und an Wegen; stickstoffliebend; wächst auf Sand-, Lehm- und Kiesböden jeder Art; sehr häufig.

A: G; ⊙; ⊙

Die Pflanze hat ihren Namen wegen der taschenartigen Früchte bekommen.

Acker-Hellerkraut

Acker-Pfennigkraut, Ackertäschel
Thláspi arvénse
Kreuzblütengewächse
Brassicáceae (Crucíferae)

Mai–Oktober
15–30 cm

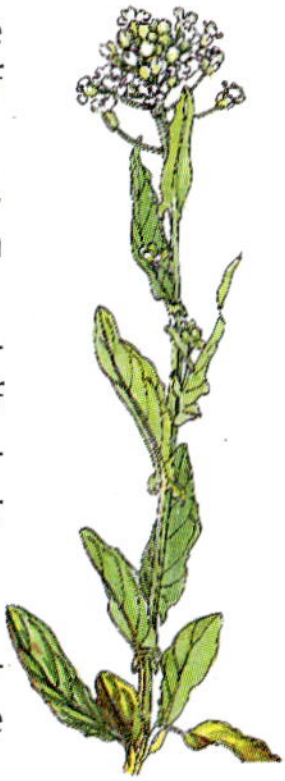

SK: Fruchtknoten höchstens 3mal so lang wie breit. Frucht 10–18 mm lang, geflügelt, oben tief ausgeschnitten. Stengel kantig. Pflanze kahl.

B: Blütenstand traubig. Stengelblätter sitzend, länglich, buchtig gezähnt, mit pfeilförmigem Grund, hellgrün. Fruchtfächer mehrsamig.

SV: Unkrautbestände vor allem auf Hackfruchtäckern, in Weinbergen und Gärten, seltener auf Schuttplätzen, an Wegrainen und auf Getreideäckern; vorwiegend auf nährstoffreichen, aber doch lockeren Lehmböden; häufig.

A: G; ⊙

Der Name Hellerkraut bezieht sich auf das münzenähnliche Aussehen der Früchte. Die Pflanze enthält Senföl und schmeckt scharf.

Gemeine Pfeilkresse

Herzkresse, Türkische Kresse
Cardária drába (Lepídium drába)
Kreuzblütengewächse
Brassicáceae (Cruciferae)

Mai–Juli
20–50 cm

SK: Blüten in dichter Scheindolde, wohlriechend, Fruchtknoten höchstens 3mal so lang wie breit. Frucht stark zusammengedrückt, herzförmig; Fruchtfächer einsamig. Blütenstiele kahl. Mittlere und obere Stengelblätter mit herz- oder pfeilförmigem Grund stengelumfassend.

B: Doldenähnliche Rispe, Stengel meist aufrecht und etwas kantig. Untere Blätter gestielt.

SV: Unkrautbestände an Wegrainen, auf Bahndämmen und auf Schuttplätzen; liebt steinigen, etwas kalkhaltigen, trockenen Boden; zerstreut.

A: G; ♃

Die Samen der Pfeilkresse schmecken durch ihren Gehalt an Senfölen scharf und wurden früher als Würze verwendet.

Gemeines Lauchkraut

Knoblauchsrauke
Alliária petioláta (A. officinális)
Kreuzblütengewächse
Brassicáceae (Crucíferae)

Mai–Juni
20–100 cm

SK: Pflanze riecht beim Zerreiben stark nach Knoblauch.

B: Trugdoldige Traube. Blätter ungeteilt; untere langgestielt, nieren-herzförmig, grob gekerbt; obere Blätter herz-eiförmig, buchtig gezähnt.

SV: Gebüsche, Waldränder, lichte und feuchte Wälder, Schuttplätze, gelegentlich auch an Wegrändern; liebt lockere, nährstoffreiche und stickstoffhaltige Böden; häufig.

A: G; ☉
Enthält Senföle, darunter solche, wie sie im Knoblauch vorkommen (Name); wurde früher als Salatwürze verwendet, schmeckt aber etwas bitter. Alte Heilpflanze, deren Wirkung ähnlich der von Knoblauch sein soll.

Bitteres Schaumkraut

Cardámine amára
Kreuzblütengewächse
Brassicáceae (Crucíferae)

April–Mai
5–30 cm

SK: Staubblätter purpurviolett. Fruchtknoten und Frucht mehr als dreimal so lang wie breit, flach.

B: Traube. Blüten manchmal etwas violett oder rötlich überlaufen. Stengel kantig, markig. Grundblätter nicht rosettig, unpaarig gefiedert. Teilblättchen eiförmig – länglich. Stengelblätter einfach bis doppelt fiederschnittig.

SV: Quellfluren, Gräben, sickerfeuchte Geröllhalden in Wäldern; liebt nasse, aber nährstoffreiche Böden; etwas kalkscheu; selten.

A: G; ♃

Enthält Senföl, einen Bitterstoff und reichlich Vitamin C. Alte Heilpflanze. Kann wie die ähnlich aussehende Brunnenkresse zu einem Wildsalat verwendet werden.

Echte Brunnenkresse

Nastúrtium officinále (Koríppa nastúrtium-aquáticum)
Kreuzblütengewächse
Brassicáceae (Crucíferae)

Mai–September
15–50 cm

SK: Staubblätter gelb. Fruchtknoten und Frucht mehr als dreimal so lang wie breit. Stengel hohl, rund.

B: Trugdoldige Traube. Stengel im unteren Teil manchmal mit Würzelchen in den Blattachseln. Untere Blätter dreizählig, obere unpaarig gefiedert. Teilblättchen eiförmig; das Endblättchen meist mit herzförmigem Grund.

SV: Quellen, Gräben, Bäche mit bewegtem, kühlem Wasser und Sand; selten.

A: G; ♃

Enthält Senföle, ätherische Öle, einen Bitterstoff und reichlich Vitamin C. Alte Heilpflanze. Kann zu Salat verwendet werden. Kultur als Salatpflanze wurde versucht, ist aber aufwendig.

Roter Hartriegel

Hornstrauch
Córnus sanguínea
Hartriegelgewächse
Cornáceae

Mai – Juni
3 – 5 m

SK: Blüten in flachen Trugdolden; Blätter bogig-fiedernervig; Zweige oft rötlich überlaufen, im Herbst und Winter blutrot.

B: Blätter ganzrandig, eiförmig, beiderseits grün. Steinfrucht dunkelblau.

SV: Laubwälder, Mischwälder, Gebüsche; liebt lehmigen, nährstoffreichen Boden; sehr häufig.

A: G; ♄

Bei dafür empfindlichen Personen sollen Zweige des Roten Hartriegels, die auf die Haut gedrückt werden, Reizungen hervorrufen. Diese können eigentlich nur durch Haare ausgelöst werden, die mit Kalk ($CaCO_3$) inkrustiert sind. Die Rotfärbung der Zweige wird durch Anthocyane verursacht. Hierauf bezieht sich der Artname.

Stech-Hülse

Stechpalme
Ílex aquifólium
Stechhülsengewächse
Aquifoliáceae

Mai – Juni
1 – 7 m

SK: Blätter lederartig, glänzend, dornig gezähnt. Rote, beerenartige Steinfrucht.

B: Blüten in blattachselständigen Büscheln, klein. Holz hart, gelblich bis grünlich-weiß. Blätter eiförmig bis elliptisch, kurzgestielt.

SV: Laubwälder, Mischwälder, Nadelforste, Bruchwälder; liebt feuchte, etwas saure Böden; frostempfindlich; selten.

A: G; ♄; ☠; ▽

Über die Giftigkeit der Stechpalme ist wenig bekannt. Theobromin wurde nur in Spuren gefunden. In den Blättern gibt es Saponine. Wodurch die Früchte giftig wirken, weiß man nicht. Vergiftungen mit Erbrechen und Durchfällen werden immer wieder beschrieben.

Gemeiner Liguster

Rainweide
Ligústrum vulgáre
Ölbaumgewächse
Oleáceae

Juni–Juli
1,5–3 m

SK: Keine Verwechslungsmögichkeit.

B: Rispen; Blüten klein, unangenehm riechend. Zweige rutenförmig. Blätter kahl, gekreuzt-gegenständig, länglich-lanzettlich. Beere schwarz.

SV: Trockene Wälder, trockene Gebüsche, Waldränder, Auwälder; liebt lockeren, oft etwas steinigen, kalkhaltigen Boden; wärmeliebend; häufig.

A: V; ♄; ☠

Der Giftstoff des Ligusters ist noch unerforscht. Über die Folgen des Verzehrs von Beeren herrscht Unklarheit. Tödliche Vergiftungen wurden beschrieben, allerdings kaum aus jüngerer Zeit. Andererseits sollen Kinder mehrere Beeren gegessen haben, ohne Symptome zu zeigen.

Wiesen-Labkraut

Gemeines Labkraut
Gálium mollúgo
Rötegewächse
Rubiáceae

Mai–August
30–100 cm

SK: Blütenzipfel haarfein zugespitzt. Stengel vierkantig.

B: Rispe. Blüten weiß oder elfenbeinfarben. Blätter länglich bis verkehrt-eiförmig, stachelspitz, meist zu 8 quirlständig.

SV: Wiesen, Weiden, Wegraine; liebt nährstoffreiche, lehmige Böden; sehr häufig.

A: V; ♃

Das Wiesen-Labkraut kommt kennzeichnend in den Glatthafer-Wiesen vor, wie sie auf tiefgründigen, gut gedüngten und nicht allzu trockenen Böden in Südwestdeutschland, in der Nordschweiz und in Ostfrankreich zu finden sind. Solche Wiesen sollten zweimal im Jahr geschnitten, nicht aber beweidet werden.

Waldmeister

Wohlriechendes Labkraut
Gálium odorátum
(Aspérula odoráta)
Rötegewächse *Rubiáceae*

Mai–Juni
10–30 cm

SK: Stengel vierkantig, meist aufrecht. Blätter zu 6–8 quirlständig, dunkelgrün.

B: Langgestielte Trugdolden. Blüten trichterig. Blätter lanzettlich, am Rand und am Kiel rauh. Welkende Pflanzen duften stark.

SV: Laubwälder, Mischwälder, seltener in Nadelwäldern; liebt nährstoffreichen, lockeren, mullreichen Boden; sehr häufig.

A: V; ♃

Die Pflanze enthält Cumarinverbindungen, aus denen beim Welken Cumarin frei wird („Waldmeisterduft"). Alte Heilpflanze. Waldmeisterblätter werden auch als Bowlenzusatz verwendet. Setzt man die Bowle mit zu viel Waldmeister an, kann das Cumarin Kopfschmerzen verursachen.

Spitzes Pfeilkraut

Sagittária sagittifólia
Froschlöffelgewächse
Alismatáceae

Juni – August
30 – 130 cm

SK: Keine Verwechslungsmöglichkeit.

B: Quirlige Rispe. Blüten eingeschlechtig, die oberen männlich, die unteren weiblich, weiß, am Grunde der Blütenblätter rötlich oder violett. Stengel dreikantig, aufrecht. Untergetauchte Blätter länglich.

SV: Röhricht langsam fließender oder stehender Gewässer; auch auf abgeflachten, gelegentlich überschwemmten Ufersäumen; nährstoffliebend; Schlammzeiger; sehr selten.

A: M; ♃

Die Blätter des Pfeilkrautes sind in der Form veränderlich: die untergetauchten Blätter sind riemenförmig, die Schwimmblätter löffelartig, und nur die Luftblätter zeigen die Pfeilform.

Gemeiner Froschlöffel

Alísma plantágo-aquática
Froschlöffelgewächse
Alismatáceae

Juni–Oktober
10–100 cm

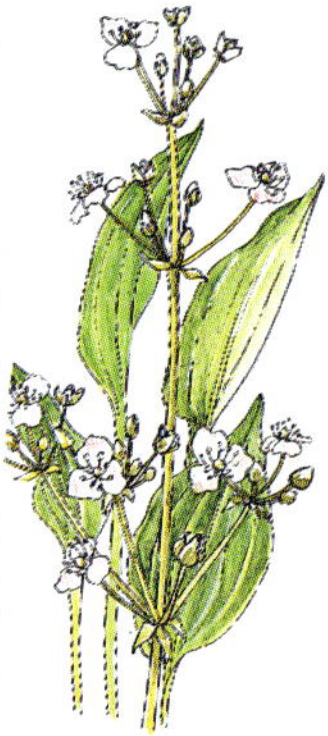

SK: 6 Griffel, länger als der Fruchtknoten.

B: Quirlige Rispe. Blüten gestielt. Blütenblätter rasch abfallend, weiß oder rötlich, am Grunde gelblich. Stengel aufrecht. Blätter langgestielt, rosettig. Untergetauchte Blätter schmäler.

SV: Röhricht langsam fließender oder stehender Gewässer, auch in Riedgrasbeständen oder auf flachen, gelegentlich überschwemmten Ufersäumen; häufig.

A: M; ♃; (☠)
Der brennend scharfe Saft soll für das Vieh stark giftig sein, besonders für Rinder. Hingegen fressen Ziegen die Pflanze recht gern. Der Wirkstoff des Froschlöffels ist noch nicht näher bekannt („Bitterstoff").

Zweiblättrige Schattenblume

Zweiblättriges Schattenblümchen
Maiánthemum bifólium
Maiglöckchengewächse
Convallariáceae

April – Juni
5 – 15 cm

SK: Keine Verwechslungsmöglichkeit.

B: Blüten in rispiger Traube, vierblättrig. Am Stengel 2, seltener 3 herzförmige, gestielte, wechselständige Blätter. Beeren orangegelb oder rot.

SV: Laubwälder, Laubmischwälder und Nadelwälder; liebt mullreichen Lehmboden; zeigt leichte und oft nur oberflächliche Versauerung an; häufig.

A: M; ♃; ☠

Die Schattenblume enthält nach neueren Angaben nur giftige Saponine, aber keine giftigen Cardenolide wie das Maiglöckchen. Vergiftungen, über die allerdings kaum berichtet wird (Beere wenig auffällig!), könnten am ehesten auf die Saponinwirkung zurückgeführt werden.

Wald-Windröschen

Großes Windröschen
Anemóne sylvéstris
Hahnenfußgewächse
Ranunculáceae

April – Juni
15 – 50 cm

SK: Blüten einzeln (selten zu zweien) aus einem Hochblattquirl entspringend; Blütendurchmesser bis 7 cm, Blütenblätter bis 3 cm lang, außen behaart. Griffel ohne Schwänze. Grundständige Blätter zur Blütezeit erst in der Entfaltung.

B: Meist 2 – 6 grundständige Blätter, handförmig 5teilig, weiß behaart.

SV: Lichte Trockenwälder, Halbtrockenrasen; liebt lockere, kalkhaltige Böden; sehr selten.

A: G; ♃; ☠; ▽

Enthält Protoanemonin und Saponine; giftig. Die Wald-Anemone erreicht in Nordostfrankreich die Westgrenze ihrer Verbreitung, deren Schwerpunkt in Osteuropa und in Südsibirien liegt.

Flutender Hahnenfuß

Ranúnculus flúitans
Hahnenfußgewächse
Ranunculáceae

Juni–August
1–6 m

SK: Blüten 1–2 cm im Durchmesser. Zipfel der untergetauchten Blätter 7–15 cm lang, parallel im Wasser flutend. Nur im fließenden Wasser.

B: Blüten einzeln, langgestielt. Meist ohne Schwimmblätter. Untergetauchte Blätter gestielt; Blätter außerhalb des Wassers pinselförmig zusammenfallend.

SV: Schwimmpflanzenbestand fließender Gewässer; häufig, bildet meist ausgedehnte Bestände aus langflutenden Zöpfen.

A: G; ♃; (☠)
Blühende und nichtblühende Pflanzen unterscheiden sich in der Länge der Blattabstände; bei blühenden, im Sommer wachsenden Individuen sind sie länger.

Echte Sternmiere

Stellária holóstea
Nelkengewächse
Caryophylláceae

April–Mai
15–30 cm

SK: Blütenblätter nur etwa bis zur Mitte gespalten, 10–15 mm lang, doppelt so lang wie der Kelch, 3 Griffel. Hochblätter krautig.

B: Gabelästige Trugdolde. Stengel unten vierkantig. Blätter gegenständig, sitzend, lineal oder lineal-lanzettlich, spitz.

SV: Laubwälder, Mischwälder, seltener Nadelforste und Gebüsche; besonders auf lehmigen und etwas sandigen Böden; häufig.

A: G; ♃

Die Echte Sternmiere ist eine Pflanze der Eichen-Hainbuchen-Wälder, die auf Böden unterschiedlichen Säuregrades stocken. Auf stark sauren Böden braucht sie erheblich mehr Licht als auf schwach sauren.

Vogel-Sternmiere

Vogelmiere, Hühnerdarm
Stellária média
Nelkengewächse
Caryophylláceae

März – Oktober
8 – 60 cm

SK: Haare am Stengel in nur einer, deutlich erkennbaren Reihe. 3 Griffel.

B: Blüten gabel- und endständig. Blätter gegenständig, untere gestielt, obere sitzend, eiförmig.

SV: Unkrautbestände, besonders auf Hackfruchtäckern und in Gärten, aber auch auf Schuttplätzen; stickstoffliebend; sehr häufig.

A: G; ⊙

Der Name Hühnerdarm bezieht sich auf den oft weit kriechenden, runden, gewundenen Stengel. Nach anderen Deutungen soll der Name gegeben worden sein, weil Hühner die Blätter gerne fressen. Tatsächlich enthalten sie relativ viele Mineralstoffe und Vitamin C. Die Vogel-Sternmiere enthält auch Saponin. Alte Heilpflanze.

Acker-Hornkraut

Cerástium arvénse
Nelkengewächse
Caryophylláceae

April – Juni
10 – 30 cm

SK: Blütenblätter über 8 mm lang, doppelt so lang wie der Kelch, nur bis $^1/_4$ eingekerbt. Pflanze dicht mit kurzen Haaren bestanden.
B: Nichtblühende Stengel bilden oft dichte Rasen. Blätter gegenständig, länglich-lanzettlich.
SV: Unkrautbestände auf Äckern, in Mauernischen, an Wegrainen und auf Halbtrockenrasen; liebt kalkhaltige, lockere Böden; zerstreut.
A: G; ♃
Vom Acker-Hornkraut sind mehrere Sippen beschrieben, manche sogar als Unterarten eingestuft worden. Indessen ist ihre Abgrenzung nach wie vor schwierig und nicht immer eindeutig. Am ehesten unterscheiden sich hochalpine Formen von der „Normalrasse“.

Weißes Leimkraut

Weiße Nachtnelke
Siléne álba (Melándrium álbum)
Nelkengewächse
Caryophylláceae

Mai–Oktober
20–100 cm

SK: Blütenblätter tief zweispaltig. Kelch bauchig, stark behaart, zehnnervig.

B: Jeweils 3 Blüten in den Blattachseln. Blüten eingeschlechtig, weibliche mit 5 Griffeln. Blätter gegenständig, obere eiförmig-lanzettlich.
Ähnlich: Echte Nachtnelke *(Siléne noctiflóra)*: Blüten zwittrig, 3 Griffel. Unkrautbestände auf Getreideäckern; liebt Lehmboden; sehr selten.

SV: Unkrautbestände auf Äckern und Schuttplätzen; liebt Wärme; zerstreut.

A: G; ☉–♃
Das Weiße Leimkraut ist ein Nachtblüher. Die Blüten öffnen sich vollständig erst gegen Abend; dann beginnen sie zu duften. Bestäuber sind Nachtschmetterlinge.

Taubenkropf-Leimkraut

Aufgeblasenes Leimkraut
Siléne vulgáris
Nelkengewächse
Caryophylláceae

Juni – August
20 – 50 cm

SK: Blütenblätter auf etwa $^1/_3$ eingeschnitten. Kelch aufgeblasen, netzadrig, mit 20 Hauptnerven.

B: Lockere Trugdolde; Stengel aufrecht oder aufsteigend, nicht klebrig. Blätter gegenständig, elliptisch oder lanzettlich, zugespitzt, kahl.

SV: Unkrautbestände auf Äckern, an Wegrändern, auf Halbtrockenrasen und auf lichten Standorten in Wäldern (vorwiegend an trockenen Stellen); wärmeliebend; etwas kalk- und stickstoffliebend; zerstreut.

A: G; ♃

Das Taubenkropf-Leimkraut sondert in der Blüte reichlich Nektar ab. Es wird durch Nachtschmetterlinge bestäubt. Die Pflanze enthält Saponine.

Nickendes Leimkraut

Siléne nútans
Nelkengewächse
Caryophylláceae

Mai–September
30–60 cm

SK: Blütenblätter tief zweispaltig. Kelch zehnnervig. Blüten nicken.

B: Doldenrispe. Stengel unten weichhaarig, oben durch Drüsenhaare klebrig (Name). Untere Blätter spatelförmig, gestielt; obere lanzettlich, sitzend oder fast sitzend, gegenständig.

SV: Halbtrockenrasen, Heiden, trockene Wälder und Gebüsche, Felsabbrüche; liebt Wärme und lockeren Boden; stellt an den Nährstoffgehalt der Böden keine hohen Ansprüche; zerstreut.

A: G; ♃

Nachtblüher. Die Blüte beginnt erst abends, und zwar nur für wenige, aufeinanderfolgende Nächte ziemlich intensiv zu duften. Bestäuber sind Nachtschmetterlinge.

Weiße Fetthenne

Weißer Mauerpfeffer
Sédum álbum
Dickblattgewächse
Crassuláceae

Mai–August
5–15 cm

SK: Blütenstand kahl. Blätter walzlich, länglich-lineal, stielrund, dunkelgrün.

B: Stengel niederliegend, aufsteigend, seltener aufrecht. Blätter 6–12 mm lang.

SV: Trockenrasen, Halbtrockenrasen, Felsen, Mauern, Bahnschotter; liebt kalkhaltigen, steinigen Boden; zerstreut.

A: G; ♃

Die Weiße Fetthenne ist die Futterpflanze eines der schönsten einheimischen Schmetterlinge, des seltenen Apollofalters. Deswegen sollte man die Pflanze in Steingärten oder auf Mauern anpflanzen, allerdings nur, wenn man die Samen bzw. Jungpflanzen in Gartenbaubetrieben käuflich erwerben kann.

Knöllchen-Steinbrech

Körner-Steinbrech
Saxífraga granuláta
Steinbrechgewächse
Saxifragáceae

Mai–Juni
15–40 cm

SK: Knöllchen am Grunde des Stengels. Blütenblätter ohne farbige Punkte.

B: Wenigblütige Trugdolde. Stengel wenigblättrig, aufrecht, klebrig behaart. Grundblätter langgestielt, nierenförmig, lappig gekerbt; Stengelblätter keilförmig, drei- bis fünfspaltig.

SV: Wiesen, Halbtrockenrasen; etwas kalkscheu; bevorzugt lehmige Böden; zerstreut.

A: G; ♃

Die Knöllchen am Grunde des Stengels (die man meist nur gut sieht, wenn man die Pflanze herausreißt), sind Brutzwiebeln, die aus fleischigen Niederblättern bestehen und die von häutigen Niederblättern umgeben sind. Sie dienen der vegetativen Vermehrung.

Sumpf-Herzblatt

Studentenröschen
Parnássia palústris
Herzblattgewächse
Parnassiáceae

Juli–September
15–45 cm

SK: Keine Verwechslung möglich.

B: Blüten einzeln. Stengel kantig mit nur einem Stengelblatt. Grundblätter herzförmig.

SV: Flachmoore, Quellmoore, auch in Halbtrockenrasen an Hängen mit austretendem Hangdruckwasser; kalkliebend; selten, kommt an seinen Standorten meist in Rudeln vor.

A: G; ♃

Die Staubblätter werden nacheinander reif und strecken sich in der Reihenfolge der Reifung. Die Staubbeutel geben etwa 1 Tag lang ihren Pollen nach oben ab, vertrocknen dann und werden durch die Staubfäden nach außen gebogen. Erst nach dem Vertrocknen der Staubblätter reift die Narbe. Die Pflanze enthält Gerbstoffe.

Knack-Erdbeere

Knackelbeere
Fragária víridis
Rosengewächse
Rosáceae

Mai–Juni
5–15 cm

SK: Stengel drei- bis zehnblütig, aufrecht. Blütenblätter nicht ausgerandet, sich berührend. Blätter oberseits seidig behaart. Pflanze meist ohne Ausläufer oder nur mit kurzen Ausläufern.

B: Blütenblätter elfenbeinweiß. Pflanze der Wald-Erdbeere ähnlich, aber etwas kleiner als diese.

SV: Trockene Gebüsche, lichte Trockenwälder, Halbtrockenrasen, Wegränder; liebt lockere, kalkhaltige Böden; zerstreut.

A: G; ♃

Die Scheinfrüchte der Knack-Erdbeere schmekken etwas fade. Von den heimischen Erdbeerarten stellt die Knack-Erdbeere die geringsten Ansprüche an das Klima. Temperaturgegensätze erträgt sie.

Wald-Erdbeere

Fragária vésca
Rosengewächse
Rosáceae

Mai–Juni
8–15 cm

SK: Stengel drei- bis zehnblütig, aufrecht. Blütenblätter nicht ausgerandet, sich berührend. Haare der Blütenstiele aufrecht. Blätter oberseits nicht seidig behaart. Pflanze meist mit Ausläufern.

B: Seitliche Teilblättchen sitzend, das mittlere kurz gestielt. Scheinfrucht rot.

SV: Laubwälder, Mischwälder, lichte Nadelforste; liebt etwas feuchte Böden; sehr häufig.

A: G; ♃

Scheinfrüchte wohlschmeckend, eßbar, reich an Zucker (rund 8 % des Frischgewichts). Die Erdbeere galt im Mittelalter als Sinnbild der Verlokkung. Hieronymus Bosch malte sie so. Die Menschen, die nach ihr lechzen, verwandeln sich in Ungeheuer, die Untugenden symbolisieren.

Erdbeer-Fingerkraut

Potentílla stérilis
(P. fragariástrum)
Rosengewächse
Rosáceae

April – Mai
5 – 10 cm

SK: Stengel ein- bis dreiblütig, schlaff. Blütenblätter ausgerandet, sich nicht berührend. Vgl. Wald-Erdbeere!

B: Blütenblätter 4 – 7 mm lang, breit verkehrt-eiförmig. Stengel aufsteigend, behaart. Blätter erdbeerähnlich, oft bläulichgrün, behaart.

SV: Laubwälder, Mischwälder, Nadelforste; liebt nährstoff- und humusreiche Böden; kalkscheu; zeigt Oberflächenversauerung an; häufig.

A: G; ♃

Es kann schwierig sein, das Erdbeer-Fingerkraut von der Wald-Erdbeere zu unterscheiden: Beim Erdbeer-Fingerkraut berühren sich die Blütenblätter nicht. Der Blattzahn im Scheitel des Teilblättchens ist kürzer als seine Nachbarzähne.

Stein-Brombeere

Steinbeere, Felsenbeere
Rúbus saxátilis
Rosengewächse
Rosáceae

Mai – Juni
10 – 25 cm

SK: Aufrechte, scheindoldige Traube. Blätter dreizählig.

B: Sammelfrucht aus kaum zusammenhängenden, roten Steinfrüchten. Ausläuferartige Schößlinge. Teilblättchen verkehrt-eiförmig, gesägt.

SV: Laubwälder, Mischwälder, Nadelforste; liebt lockere, kalk- und humusreiche Böden; selten, tritt aber an ihren Standorten meist in Rudeln auf.

A: G; ♃

Die Blüten der Stein-Brombeere sind ziemlich unauffällig. Sie werden von Bienen und Fliegen eher spärlich besucht. Auf die Fruchtbildung wirkt sich der mangelnde Blütenbesuch wenig aus, weil es neben Fremdbestäubung häufig zur Selbstbestäubung kommt.

Himbeere

Rúbus idaeus
Rosengewächse
Rosáceae

Mai–August
50–120 cm

SK: Stengel aufrecht oder gebogen, feinstachelig. Blätter hellgrün, meist gefiedert, unterseits dicht weißhaarig, wechselständig.

B: Wenigblütige, nickende Rispe. Blätter drei- bis siebenzählig gefiedert. Teilblättchen gezähnt, oberseits runzelig. Sammelsteinfrucht rot.

SV: Feuchte, lichte Laub-, Misch- und Nadelwälder; Kahlschläge, Waldränder; liebt nährstoffreiche Böden; stickstoffliebend; sehr häufig.

A: G; ♄

Die Sammelfrüchte schmecken gut. Sie enthalten – bezogen auf 100 g Frischgewicht – neben rund 8 g Zuckern etwa 25 mg Vitamin C und etwa 500 mg Mineralstoffe. Der Anteil an Rohfaser ist mit ca. 5 g höher, als man denkt.

Echte Brombeere

Rúbus fruticósus
Rosengewächse
Rosáceae

Juni – August
1 – 2 m

SK: Stengel meist bogig überhängend und stark stachelig, seltener kriechend oder aufsteigend. Blätter meist handförmig geteilt, wechselständig.

B: Traube. Sammelsteinfrucht schwarz oder schwarzrot. Blühende Schößlinge aufrecht, nichtblühende bogig niedergestreckt. Die Gattung *Rubus* spaltet sich in zahlreiche Kleinarten auf, die sehr schwer zu unterscheiden sind.

SV: Waldränder, Äcker, Gärten, Lichtungen, Heiden; häufig.

A: G; ♄

Die Sammelfrüchte schmecken gut. Sie enthalten – bezogen auf 100 g Frischgewicht – neben rund 8,5 g Zuckern etwa 17 mg Vitamin C, rund 500 mg Mineralstoffe und etwa 4 g Rohfaser.

Echtes Mädesüß

Echte Rüsterstaude, Spierstaude
Filipéndula ulmária
Rosengewächse
Rosáceae

Juni – August
1 – 2 m

SK: Blätter einfach gefiedert. Teilblättchen 3–5 cm lang, in 2–5 Paaren.

B: Blüten in ästigen Trugdolden, stark duftend, z. T. mit 6 Blütenblättern. Stengel beblättert. Teilblättchen groß, seitenständige gesägt, endständiges drei- bis fünfspaltig, unterseits weißhaarig.

SV: Nasse Wiesen, Flach- und Zwischenmoore, feuchte Bergwiesen, Auwälder; auf sandigem und lehmigem, jedoch stets feuchtem Boden; häufig.

A: G; ♃; (☠)

Blüten und Kraut enthalten ätherisches Öl mit Salicylaldehyd und Methylsalicylat, dazu Flavonoide und Gerbstoffe. Die Blüten sollen früher dem „Met“ zugesetzt worden sein (Name!)

Schwarzdorn

Schlehe
Prúnus spinósa
Rosengewächse
Rosáceae

März – Mai
2–3 m

SK: Blüten meist einzeln. Äste meist mit stechender Spitze (Dornen).
B: Blüten erscheinen vor den Blättern. Steinfrucht schwarzblau, bläulich bereift. Blätter elliptisch, kurzgestielt, scharf gesägt.
SV: Gebüsche, Waldränder; liebt steinigen, flachgründigen Boden; häufig.
A: G; ♄
An den Dornen der Schlehenhecken sieht man gelegentlich aufgespießte Insekten oder Mäuse. „Übeltäter" ist der Neuntöter, der gerne in Schlehengebüschen nistet. – Die Blüten der Schlehe werden getrocknet zu Tee aufgebrüht (Volksheilmittel; „Blutreinigungstee"). Die Früchte enthalten Gerbstoffe; sie schmecken „trocken".

Gemeine Vogelkirsche

Süß-Kirsche
Prúnus ávium (ssp. silvéstris)
Rosengewächse
Rosáceae

April – Mai
bis 18 m

SK: Blüten in Büscheln, ohne Blätter am Grund.
B: Blüten zu 2 – 4. Frucht eine Kirsche. Blätter verkehrt-eiförmig. Steinfrucht dunkelrot.
SV: Laubwälder, Mischwälder, seltener in Auwäldern; zerstreut.
A: G; ♄
Früchte eßbar. Wildform der Kulturkirsche. Eine Kirsche wurde schon bei den Griechen vier Jahrhunderte v. Chr. angepflanzt. Sie wurde vermutlich 64 v. Chr. durch Lucullus als Kulturpflanze in Rom eingeführt. Manche Autoren glauben, daß Lucullus damals die Sauerkirsche importiert habe. Möglicherweise waren es dann die Alemannen oder deren Vorfahren, die die Süßkirsche in Kultur genommen haben.

Trauben-Kirsche

Ahl-Kirsche
Prúnus pádus
Rosengewächse
Rosáceae

Mai
3–15 m

SK: Blüten in reichblütigen, hängenden Trauben. Steinfrucht schwarz.

B: Trauben hängen am Ende beblätterter Zweige. Blüten duften stark. Blätter elliptisch, zugespitzt, wechselständig, doppelt gesägt, runzelig.

SV: Auwälder, feuchte Laubwälder, Gebüsche an Wasserläufen; liebt Lehmböden; häufig.

A: G; ♄; (☠)

Das Fruchtfleisch der Trauben-Kirsche ist eßbar, doch schmeckt es etwas bitter. In prähistorischer Zeit wurden Trauben-Kirschen als Wildobst gesammelt; in Notzeiten hat man sie – wo es genügend große Vorkommen gab – zu Marmelade oder Mus verkocht. Der Samen und die übrigen Pflanzenteile sind giftig!

Zweigriffliger Weißdorn

Crataegus laevigáta
(C. oxyacántha)
Rosengewächse
Rosáceae

Mai–Juni
bis 12 m

SK: Blüten mit 2–3 Griffeln. Blütenstiele kahl. Zweige dornig. Blätter nur schwach gelappt. Scheinfrucht rot.

B: Aufrechte Doldenrispen. Blüten riechen stark. Blätter im Umriß eiförmig, am Grunde keilförmig, drei- bis fünflappig oder ungeteilt.

SV: Laubwälder, Mischwälder, Gebüsche an Wegen, auf Schuttplätzen und auf Steinriegeln, Schluchtwälder; liebt kalkhaltigen Boden; häufig.

A: G; ♄

Der widerliche Blütendurft rührt von Trimethylamin her. Enthält in den Blättern herzwirksame organische Säuren. Heilpflanze. Beeren eßbar. Früher wurde das getrocknete Fruchtfleisch als Mehlzusatz verwendet.

Eingriffliger Weißdorn

Cratāegus monógyna
Rosengewächse
Rosáceae

Mai – Juni
bis 8 m

SK: Blüten mit 1 Griffel. Blütenstiele behaart. Zweige dornig. Blätter tief gelappt.

B: Aufrechte Doldenrispen. Blüten riechen stark. Äste dornenspitzig. Blätter meist drei- bis fünflappig, selten mit mehr Lappen. Blattlappen vorn gesägt, spitz. Scheinfrucht rot.

SV: Laubwälder, Mischwälder, Trockenwälder, Gebüsche, Steinriegel, Felsen; liebt flachgründige, etwas steinige Böden; erträgt Trockenheit; häufig; oft als Hecke angepflanzt.

A: G; ♄

Vom Eingriffligen Weißdorn werden Formen mit roten, gefüllten Blüten häufig als „Rotdorn" in Gärten und in Anlagen gepflanzt. Sie gelten als anspruchslos.

Mehl-Vogelbeere

Mehlbeere
Sórbus ária
Rosengewächse
Rosáceae

Mai
3 – 9 m

SK: Blütenblätter 3 – 5 mm lang. Blätter schwach gelappt oder doppelt gesägt.

B: Schirmförmige Doldenrispe. Frucht rot oder gelblich, mehlig. Zweige anfangs graufilzig, später olivbraun. Blätter elliptisch-länglich, am Grunde keilförmig, kurzgestielt, doppeltgesägt oder von der Mitte zur Spitze etwas gelappt, oberseits glänzend, unterseits dicht weißhaarig, wechselständig. Scheinfrucht orange-rot.

SV: Mischwälder, Bergwälder, Trockenwälder; liebt flachgründigen, steinigen Boden; selten.

A: G; ♄; (☠)

Früher hat man in Notzeiten die Früchte der Mehl-Vogelbeere getrocknet, mit Mehl vermischt und zu Brot verbacken (Name!).

Wilde Vogelbeere

Eberesche
Sórbus aucupária (Pírus aucupária, Pýrus aucupária)
Rosengewächse *Rosáceae*

Mai – Juni
bis 15 m

SK: Blütenblätter 4 – 5 mm lang. Blätter unpaarig gefiedert.

B: Vielblütige Doldenrispe. 9 – 15 Teilblättchen, kurzgestielt, länglich-lanzettlich, spitz gezähnt. Scheinfrucht orange-rot.

SV: Feuchte Laubwälder, Auwälder; wächst auch auf verdichteten, sauren Böden; zerstreut.

A: G; ♄; (☠)

Eberesche = „Scheinesche". Früchte enthalten Vitamin C und Provitamin A. Sie sollten dennoch nur mit Vorsicht gegessen werden. Viele Sorten enthalten im Fruchtfleisch Parasorbinsäure, die die Schleimhäute des Magen-Darmkanals reizt. Beim Trocknen oder Kochen entweicht Parasorbinsäure oder sie wird sogar zerstört.

Kriechende Rose

Feld-Rose, Weiße Kletter-Rose
Rósa arvénsis (R. répens)
Rosengewächse
Rosáceae

Juni–Juli
1,5–2 m

SK: Stengel niederliegend, kriechend, stachelig. Blätter gefiedert.

B: Blüten einzeln, 3–5 cm im Durchmesser. Blütenstiele sehr lang. 5–7 Teilblättchen.

SV: Laubwälder, Mischwälder, Trockenwälder; kalkliebend; häufig.

A: G; ♄

Früchte vitaminarm. Der wissenschaftliche Artname, der „Feld-Rose" oder „Acker-Rose" bedeutet, ist irreführend. Anders als viele mitteleuropäische Wildrosen wächst *Rósa arvénsis* nicht in lichten Gebüschen des offenen Geländes; sie kommt vielmehr in gebüschreichen, gleichwohl lockeren Wäldern vor, in denen die Rot-Buche gut gedeiht.

Wald-Sauerklee

Hain-Sauerklee
Óxalis acetosélla
Sauerkleegewächse
Oxalidáceae

April–Mai
8–15 cm

SK: Blüten langgestielt; Blätter kleeblattförmig.

B: Blütenblätter weiß mit violetten Adern, am Grunde mit einem gelben Fleck.

SV: Laubwälder, Mischwälder, Nadelforste; liebt humusreiche Böden; schattenliebend; sehr häufig.

A: G; ♃; (☠)

Der Sauerklee enthält in seinen Blättern Oxalsäure und Oxalate (Kleesalz; Name) und ist deswegen schwach giftig. Er ist eine ausgesprochene Schattenpflanze und erreicht bei $^{1}/_{10}$ des Tageslichts schon seine volle Assimilationsleistung. Bei starker Besonnung senken sich die Teilblättchen, desgleichen nach vielfach wiederholter Berührung.

Wilde Möhre

Mohrrübe
Dāucus caróta
Doldengewächse
Apiáceae (Umbellíferae)

Juli–Oktober
30–60 cm

SK: Blüten in Dolden; in der Mitte der Dolde meist eine schwarzpurpurne Blüte.

B: Dolde zusammengesetzt, erst vogelnestartig, dann flach; fruchtend nestförmig. Stengel behaart, gefurcht, hohl. Blätter zwei- bis dreifach fiederteilig.

SV: Halbtrockenrasen, Wiesen, Wegraine, Unkrautbestände auf Schuttplätzen; liebt lockere, sandige oder steinige, oft wenig bewachsene Böden; sehr häufig.

A: G; ⊙

Wildform der Kulturmöhre; enthält ätherische Öle und in der Wurzel bis 17 mg/100 g Provitamin A, dazu Vitamine der B-Gruppe. Der Gehalt an Vitamin C ist mit 5 mg/100 g niedrig.

Wald-Brustwurz

Wald-Engelwurz
Angélica sylvéstris
Doldengewächse
Apiáceae (Umbellíferae)

Juli–September
50–200 cm

SK: Blüten in Dolden. Dolde mit 20–40 Strahlen. Hülle fehlt oder nur aus 1–3 Blättchen. Hüllchenblättchen zahlreich. Stengel rund, hohl, weißlich bereift. Blätter zwei- bis dreifach fiederteilig, die unteren länger als 50 cm.

B: Dolde aus kugeligen Döldchen zusammengesetzt. Blattscheiden bauchig.

SV: Auwälder, feuchte Wiesen, Gebüsche und Unkrautbestände an Wegen, Gärten und an Ufern; liebt feuchten Lehmboden; häufig.

A: G; ♃; (☠)
Die Wald-Brustwurz enthält ätherische Öle, die in hoher Konzentration giftig wirken, und Furocumarine. Pflanzensaft kann auf der Haut im Licht Entzündungen hervorrufen.

Wiesen-Bärenklau

Herácleum sphondýlium
Doldengewächse
Apiáceae
(Umbellíferae)

Juni–Oktober
30–150 cm

SK: Blüten in Dolden. Dolden mit 15–30 Strahlen. Hülle fehlt oder weniger als sechsblättrig. Hüllchenblätter zahlreich. Randblüten vergrößert. Stengel kantig gefurcht, steifhaarig. Blätter drei- bis vierfach fiederschnittig, untere bis 50 cm lang. Pflanze riecht unangenehm.

B: Dolde zusammengesetzt. Blüten oft grünlich oder rosa überlaufen.

SV: Lichte, feuchte Laub- und Auenwälder, Gebüsche, Wiesen, Unkrautbestände; liebt lockeren Boden; stickstoffliebend; sehr häufig.

A: G; ♃; (☠)
Gutes Kaninchenfutter; enthält ätherische Öle und Furocumarine, die im Licht auf der Haut Entzündungen hervorrufen können.

Zaun-Giersch

Geißfuß, Podagrakraut
Aegopódium podagrária
Doldengewächse
Apiáceae (Umbellíferae)

Juni–Juli
30–100 cm

SK: Blüten in zusammengesetzten, flachen Dolden mit 12–18 Strahlen. Hülle und Hüllchen fehlen. Blätter einfach oder doppelt dreiteilig.

B: Stengel hohl, kahl. Teilblättchen länglich-eiförmig, scharfgesägt.

SV: Auwälder, Schluchtwälder, feuchte Laub- und Mischwälder, Gebüsche, Gärten; liebt lehmige, stickstoffhaltige Böden; häufig.

A: G; ♃

Früher wurde der Geißfuß als schmerzlinderndes Mittel gegen Rheumatismus und Gicht („Podagra", Name) zerquetscht und auf die schmerzenden Körperpartien aufgelegt. Wirkstoffe hat man bisher nicht gefunden. Die Frucht enthält ätherische Öle.

Wiesen-Kerbel

Anthríscus sylvéstris
Doldengewächse
Apiáceae
(Umbellíferae)

April – August
70 – 130 cm

Sk: Blüten in Dolden. Dolde mit 8 – 16 Strahlen; Hülle der Dolde fehlend oder ein- bis zweiblättrig. Hüllchenblättchen bewimpert. Blütenblätter rund oder nur ganz schwach ausgerandet. Stengel unten rauhhaarig, meist nicht gefleckt. Blätter zwei- bis dreifach fiederteilig.

B: Dolde zusammengesetzt. Stengel kantig.

SV: Wiesen, seltener Gebüsche und Waldränder; liebt etwas feuchten Boden; Stickstoffzeiger; sehr häufig; tritt in frisch mit Jauche gedüngten Wiesen oft massenweise auf und bestimmt mit seinen Blüten das Bild der Wiese.

A: G; ♃
Die frühere Verwendung in der Volksmedizin ist mit Grund aufgegeben worden.

Große Sterndolde

Stranze
Astrántia májor
Doldengewächse
Apiáceae (Umbellíferae)

Juni–August
30–100 cm

SK: Blüten in köpfchenartigen Dolden. Hüllblätter so lang wie die Dolde. Blätter handförmig geteilt.
B: Dolde klein, von auffälligen, meist weißlichen Hüllblättern umgeben. Stengel wenig verzweigt. Teilblättchen gesägt.
SV: Laubwälder, Mischwälder, Auwälder, Schluchtwälder, Bergwälder, Bergwiesen; liebt kalkhaltigen, lockeren Lehmboden; selten, kommt aber an ihren Standorten in Rudeln vor.
A: G; ♃

Bei den Sterndolden sind die Einzelblüten so klein, daß selbst Dolden wenig Lockwirkung haben. Diese wird durch die Hüllblätter wirksam erhöht. Bestäuber sind Käfer, Fliegen und Wespen.

Rundblättriger Sonnentau

Drósera rotundifólia
Sonnentaugewächse
Droseráceae

Juli – August
10 – 20 cm

SK: Keine Verwechslung möglich.

B: Wenigblütiger Wickel. Blätter in grundständiger Rosette, rund, mit roten „Tentakeln".

SV: Hochmoore, Flachmoore und Zwischenmoore; in Torfmoosrasen, aber auch auf offenen Torfböden; selten; bildet an seinen Standorten meist größere Bestände.

A: G; ♃; ▽

Die Köpfchen der Tentakel scheiden eine fadenziehende, klebrige Flüssigkeit aus, die ein eiweißspaltendes Verdauungsenzym enthält. Kleine Insekten werden durch das Sekret festgehalten und verdaut. Wenn ein Insekt die Tentakel berührt und anklebt, krümmen diese sich langsam auf die Blattfläche herab.

Rote Zaunrübe

Zweihäusige Zaunrübe
Bryónia dióica
Kürbisgewächse
Cucurbitáceae

Juni – September
50 – 300 cm

SK: Blüte zweihäusig, Stengel kletternd.

B: Blattachselständige Doldenrispen. Männliche Blüten langstielig, weibliche Blüten kurzstielig. Blätter fünflappig. Beeren erst grün, dann rot.

SV: Unkrautbestände auf Schuttplätzen, an Wegen, Zäunen und Mauern, aber auch in Gebüschen, an Waldrändern und auf Lichtungen; liebt lockeren, kalkhaltigen Lehmboden; Kalkzeiger; zerstreut.

A: V; ♃; ☠

Heilpflanze; enthält in der Wurzel Harz mit Cucurbitacinen, dank derer der Wurzelsaft auf der Haut Entzündungen mit Blasenbildung hervorrufen kann. Auch die Beeren sind sehr giftig; über ihre Inhaltsstoffe ist wenig bekannt.

Rundblättriges Wintergrün

Großes Wintergrün
Pýrola rotundifólia
Wintergrüngewächse
Pyroláceae

Juni – Juli
15 – 30 cm

SK: 10 – 30 Blüten in einer allseitswendigen Traube. Griffel aus der weitglockigen Blüte hervorragend.

B: Blüten nicken. Stengel stumpfkantig. Blätter fast rund, rosettig, lederig, immergrün.

SV: Mischwälder und Nadelwälder; liebt feuchten, schwach sauren, lehmigen Boden; selten.

A: V; ♃; ▽

Obwohl die Blüten duften, ist der Insektenbesuch gering. Die Samenbildung erfolgt meist durch Selbstbestäubung. Alte Heilpflanze, enthält in den Blättern Arbutin. Die Verwendung als Arzneipflanze ist heute aufgegeben. Das Wintergrün sollte geschont werden, zumal andere arbutinreiche Heilpflanzen zur Verfügung stehen.

Preiselbeere

Kronsbeere, Grante
Vaccínium vítis-idāea
Heidekrautgewächse
Ericáceae

Mai–August
10–30 cm

SK: Blätter immergrün, lederig (unterste Blätter prüfen!), am Rand eingerollt, ganzrandig oder leicht gekerbt.

B: Mehrere Blüten in endständiger Traube. Blüten gestielt. Blütenkrone an der Spitze fein gezähnt. Stengel aufrecht, rund. Beeren rot.

SV: Mischwälder, Nadelforste, Hochmoore, alpine Gebüsche und Matten; liebt sauren, etwas feuchten, humushaltigen Boden; zerstreut.

A: V; ♄

Die Preiselbeere ist eine wertvolle Wildfrucht. Die Früchte enthalten neben organischen Säuren und Gerbstoffen etwas Provitamin A und sehr viel Vitamin C. Heilpflanze. Die Blätter enthalten Arbutin und werden als Tee verwendet.

Gemeiner Schneeball

Vibúrnum ópulus
Holundergewächse
Sambucáceae

Mai – Juni
2 – 4 m

SK: Blüten in endständigen, schirmförmigen bis kugeligen Trugdolden.

B: Randblüten der Trugdolde größer als die übrigen, steril. Äste kahl. Blätter dreilappig; Lappen buchtig gezähnt. Beerenartige Steinfrucht rot.

SV: Auwälder, Schluchtwälder, Bergwälder, Laubwälder, Mischwälder; liebt grundwasserfeuchten, meist lehmigen Boden; zerstreut.

A: V; ♄; (☠)

Über die Giftigkeit der Beeren vom Gemeinen Schneeball gehen die Meinungen auseinander. Angeblich sollen sie schon zu Gelee und Marmelade verkocht worden, ja folgenlos roh gegessen worden sein. Rinde und Blätter gelten – wie die Beeren – als schwach giftig.

Wolliger Schneeball

Vibúrnum lantána
Holundergewächse
Sambucáceae

Mai–Juni
1,3–2,5 m

SK: Blüten in schirmförmigen Trugdolden. Blätter ungelappt. Steinfrucht erst rot, dann schwarz.

B: Blüten alle gleichartig. Junge Äste graufilzig. Blätter unterseits runzelig, graufilzig.

SV: Gebüsche, Laubwälder, Mischwälder, Bergwälder, Auwälder; liebt lockeren, etwas steinigen, kalkreichen Boden; Kalkzeiger; zerstreut.

A: V; ♄; (☠)

Obschon der Wollige Schneeball zu den häufigen Sträuchern unserer Flora gehört und obschon in der älteren Literatur Vergiftungsfälle durch den Genuß von Beeren beschrieben worden sind, weiß man über deren Inhaltsstoffe praktisch nichts. Vorsichtshalber sollte man die Beeren als giftig ansehen.

Schwarzer Holunder

„Flieder", Holler
Sambúcus nígra
Holundergewächse
Sambucáceae

Juni–Juli
3–10 m

SK: Blüten in schirmförmigen Trugdolden. Blätter riechen aromatisch.

B: Trugdolde meist mit 5 Hauptstrahlen; zuletzt nickend. Äste bogig abwärts gekrümmt. Mark weiß. Teilblättchen 3–7. Beeren schwarz.

SV: Laubwälder, Mischwälder, Auwälder, Gebüsche, Lichtungen; liebt humusreiche Böden; stickstoffliebend; Feuchtigkeitszeiger, häufig.

A: V; ♄; (☠)

Heilpflanze. Die Blätter enthalten ätherisches Öl. Die Beeren enthalten in 100 g Frischgewicht rund 9 g Zucker, etwa 2 g Eiweiße, fast 7 g Rohfasern, 18 mg Vitamin C, aber nur etwa 700 mg Mineralstoffe. Nach dem Genuß roher Beeren scheint es zu Vergiftungen kommen zu können.

Dreiblättriger Fieberklee

Bitterklee, Biberklee
Menyánthes trifoliáta
Fieberkleegewächse
Menyantháceae

Mai – Juni
15 – 30 cm

SV: Blätter kleeartig, aber viel größer.

B: Blüten in dichten Trauben, am Rande weißbärtig. Blätter grundständig.

SV: Hochmoore, Zwischenmoore, Riedgrasbestände, Ufer mooriger Gräben; liebt schwach saure, torfige Böden; selten, kommt an seinen Standorten meist in größeren Beständen vor.

A: V; ♃; ▽

Der Dreiblättrige Fieberklee enthält in der Wurzel und in den Blättern das Bitterstoffglycosid Foliamenthin, dazu Loganin und Gerbstoffe. Getrocknete Blätter von ihm werden heute kaum noch arzneilich oder als Likörbeimischung verwendet, erfreulicherweise, da Standorte der Pflanze selten geworden sind.

Weiße Schwalbenwurz

Vincetóxicum hirundinária
(Vincetóxicum officinále)
Schwalbenwurzgewächse
Asclepiadáceae

Juni – August
30 – 60 cm

SK: Keine Verwechslungsmöglichkeit.

B: Blüten in achselständigen Trugdolden, 5–7 mm im Durchmesser. Stengel aufrecht, im oberen Teil gelegentlich windend. Blätter gegenständig, herzförmig bis länglich.

SV: Trockenwälder, trockene Gebüsche, Gesteinsschutthalden, Felsen, seltener Halbtrockenrasen; liebt steinige, nährstoffreiche und meist kalkhaltige Böden; zerstreut.

A: V; ♃; ☠

Die Blüte besitzt einen Klemmechanismus: Das nektarsuchende Insekt gerät mit dem Rüssel in eine enge Spalte, aus der es sich in der Regel nur befreien kann, wenn es die Pollenklumpen mitzieht. Enthält das giftige Vincetoxin.

Schwarzer Nachtschatten

Solánum nígrum
Nachtschattengewächse
Solanáceae

Juni–Oktober
30–100 cm

SK: Blüte ähnlich der einer Kartoffel; Stengel kahl oder nur spärlich behaart.

B: Wenigblütige Trauben. Stengel verästelt. Blätter wechselständig, langgestielt, eirautenförmig, am Rande oft lappig-buchtig. Beere schwarz.

SV: Unkrautbestände auf Hackfruchtäckern, in Gärten und auf Schuttplätzen; liebt lehmigen Boden; stickstoff- und wärmeliebend; häufig.

A: V; ⊙; ☠

Enthält giftige Alkaloide, und zwar in der unreifen Frucht in besonders hoher Konzentration, weniger in den Blättern und in den Stengeln. Ganz reife Früchte sollen gelegentlich giftfrei sein. Darauf sollte man sich nie verlassen, da der Giftgehalt Schwankungen unterliegen kann.

Ufer-Zaunwinde

Zaun-Winde
Calystégia sépium
Windengewächse
Convolvuláceae

Juni–Oktober
1,5–3 m

SK: Blüte 3,5–6 cm lang in den Blattachseln, ohne rötliche Streifen, geruchlos.

B: Stengel windend. Blätter wechselständig, am Grunde pfeilförmig.

SV: Auwälder, feuchte Gebüsche, Waldränder, Röhricht stehender und fließender Gewässer, auch an Zäunen und Wegen; liebt nassen Lehmboden; stickstoffliebend; häufig.

A: V; ♃

Die Blüten der Ufer-Zaunwinde schließen sich bei trübem Wetter und bei Regen, können aber zu jeder Tages- und Nachtzeit geöffnet sein. Die Suchbewegung dauert 1 $^3/_4$ Stunden. Die Blätter enthalten Harz-Glykoside und Gerbstoffe; Heilpflanze.

Acker-Steinsame

Buglossoídes arvénsis
(Lithospérmum arvénse)
Borretschgewächse
Boragináceae

April–Juni
15–50 cm

SK: Blätter einnervig, rauhhaarig.
B: Blüten klein. Stengel einfach oder verästelt; Blätter lineal-lanzettlich.
SV: Unkrautbestände, vor allem auf Getreideäkkern, seltener auf Hackfruchtäckern oder Trokkenrasen; liebt Lehmboden; selten.
A: V; ⊙

In den Wurzeln des Acker-Steinsamens ist der rote Farbstoff Lithospermin enthalten, ein Chinonfarbstoff, der mit Alkannin verwandt ist, das in manch anderen Arten der Borretschgewächse vorkommt. Lithospermin hat man früher als Schminke verwendet. Darauf beziehen sich (zum Teil heutzutage vergessene) Volksnamen wie „Bauernschminke“ oder „Schminkwurz“.

Gemeiner Beinwell

Schwarzwurz
Sýmphytum officinále
Borretschgewächse
Boragináceae

Mai – September
30 – 100 cm

SK: Blätter deutlich am Stengel herablaufend. Pflanze rauhhaarig.

B: Blütenstand nickend, trugdoldig. Blüte schmutzig purpurn, rosaviolett oder gelbweiß. Stengel unten reichästig. Stengelblätter rinnig.

SV: Ufer, Gräben, Auwälder, Waldränder und feuchte Stellen auf Waldlichtungen, nasse Wiesen, auch auf feuchten Schuttplätzen und an Wegen; stickstoffliebend; zerstreut.

A: V; ♃; (☠)

Die Pflanze wurde im Mittelalter als Heilmittel bei Knochenbrüchen verwendet. Deshalb der Name Beinwell. Die Pflanze enthält Alkaloide und Gerbstoffe. Sie wird vom Vieh nicht gefressen.

Mehlige Königskerze

Lichtnelken-Königskerze
Verbáscum lychnítis
Braunwurzgewächse
Scrophulariáceae

Juni–September
50–130 cm

SK: Staubgefäße weißwollig. Stengel oben scharfkantig, mehlig. Blätter oberseits fast kahl, unterseits mehlig.

B: Traube. Untere Blätter gestielt, obere sitzend.

SV: Trockenrasen, Halbtrockenrasen, Gebüsche, Wegraine, Bahndämme, Kahlschläge, Waldränder; liebt Kalkboden; wärmeliebend; häufig.

A: V; ⊙

Das Art-Epithet „lychnitis" ist von „lychnos" (griech.) = Lampe abgeleitet. Plinius (23–79 n. Chr.) hatte eine Pflanze „Lychnitis" genannt, deren wollige Blätter man zur Herstellung von Lampendochten verwendet hatte. Ob Plinius mit „Lychnitis" allerdings die Mehlige Königskerze gemeint hat, ist zweifelhaft.

Ährige Teufelskralle

Ährige Rapunzel
Phytēuma spicátum
Glockenblumengewächse
Campanuláceae

Mai–August
30–100 cm

SK: Grundblätter etwa so lang wie breit, tief herzförmig.

B: Blüten in walzlichen Köpfchen, weiß oder blau, vor dem Aufblühen gekrümmt.

SV: Laubwälder, Mischwälder, seltener Nadelwälder, Bergwiesen; liebt lockeren, mullhaltigen, nährstoffreichen, etwas feuchten Boden; häufig.

A: V; ♃

Der Name Teufelskralle bezieht sich auf die gebogenen Blütenknospen. – Die Ährige Teufelskralle kommt in stärker bodensauren Wäldern nicht vor. Das Wachstum ihrer Speicherwurzel ist um so kräftiger, je basischer der Boden ist. Deshalb gedeiht sie in Buchenwäldern mit basischem Boden am besten.

Weiße Teichrose

Seerose, Wasserrose
Nymphāēa álba
Teichrosengewächse
Nymphaeáceae

Mai–August
bis 2,5 m tief

SK: Narben gelb (wenn rot: Glänzende Seerose *(Nymphāēa cándida)*).

B: Blüten groß, weit geöffnet, schwach, aber angenehm duftend. Blattstiel seilartig. Blatt rundlich, tief herzförmig eingeschnitten, ganzrandig.

SV: Schwimmpflanzenbestand stehender oder langsam fließender Gewässer; selten, meist in größeren Beständen.

A: G; ♃; (☠); ▽

Der Wurzelstock, der reichlich Gerbstoffe enthält, wurde früher zum Gerben verwendet. Die Blüten der Weißen Teichrose sind etwa von 7 Uhr bis 16 Uhr geöffnet. Die Bestäubung erfolgt durch Fliegen und Käfer. Die Pflanze ist durch Alkaloide schwach giftig.

Busch-Windröschen

Weiße Osterblume
Anemóne nemorósa
Hahnenfußgewächse
Ranunculáceae

März – April
15 – 25 cm

SK: Blüten entspringen einzeln aus einem Hochblattquirl. Blütenblätter kahl oder wenig behaart. Blüte 1,5 – 4 cm im Durchmesser.

B: Blüten oft rötlich überlaufen, besonders auf der Außenseite der Blütenblätter. Am Wurzelstock oft ein handförmiges, grundständiges Blatt.

SV: Laub-, Misch-, Nadelwälder, Gebüsche; liebt mullreichen Boden; sehr häufig.

A: G; ♃; ☠

Enthält die Gifte Anemonin und Protoanemonin. Es ist nicht klar, woher der Name „Windröschen" kommt. Angeblich soll er darauf verweisen, daß bei manchen Arten der Gattung die Blüten alsbald durch den Wind entblättert werden.

Kleines Mädesüß

Knolliges Mädesüß, Filipendelwurz
Filipéndula vulgáris (F. hexapétala)
Rosengewächse
Rosáceae

Juni–Juli
30–80 cm

SK: Blätter einfach gefiedert. Teilblättchen etwa 2 cm lang, in 8–30 Paaren.

B: Blüten in ästigen Trugdolden, z.T. nur mit 5 Blütenblättern. Stengel oben fast blattlos, aufrecht. Teilblättchen fiederspaltig bis gesägt.

SV: Feuchte Wiesen, Halbtrockenrasen, lichte Wälder; besonders auf Böden, die zeitweilig feucht, zeitweilig trocken sind; zerstreut.

A: G; ♃; (☠)

Der deutsche Name Mädesüß kommt von dem althochdeutschen Wort „met". Das Kraut wurde wahrscheinlich als Zusatz zu diesem Getränk verwendet. Enthält (besonders in den Knollen) schwach giftige Glykoside. Alte Heilpflanze, Wildsalat. Auch die Knollen wurden gegessen.

Europäischer Siebenstern

Trientális europāea
Primelgewächse
Primuláceae

Mai–Juni
10–20 cm

SK: Keine Verwechslungsmöglichkeit.

B: Blüten einzeln, 1,2–1,5 cm im Durchmesser, langstielig. Blütenblätter am Grunde gelb. Stengel aufrecht, oben mit 5–7 elliptischen, fast quirlständigen Blättern.

SV: Feuchte Nadelforste, seltener in feuchten Mischwäldern, Flachmoore; liebt nasse, moorige, saure, etwas torfige Böden; sehr selten.

A: V; ♃

Der Europäische Siebenstern hat seinen Verbreitungsschwerpunkt in Nordeuropa und in Sibirien. Die süddeutschen und alpinen Standorte sind durch Einwanderung in der Eiszeit entstanden. Die Vermehrung erfolgt vor allem durch Ausläufer.

Mehrjähriges Gänseblümchen

Maßliebchen, Tausendschönchen
Béllis perénnis
Korbblütengewächse
Asteráceae (Compósitae)

Februar–Nov.
3–10 cm

SK: Keine Verwechslung möglich.

B: Blüten in einem Körbchen, dieses einzeln auf einem blattlosen Stengel. Außen weiße oder rötlich überlaufene Zungenblüten, innen gelbe Röhrenblüten. Blätter rosettig, verkehrt-eiförmig bis spatelig, gekerbt.

SV: Wiesen, Weiden, Wegränder; sehr häufig.

A: V; ♃

Die Blüten des Gänseblümchens ertragen bei trockener Luft bis −15 °C, ohne daß sie wesentlich geschädigt werden. Das Körbchen reagiert wie eine Einzelblüte und schließt sich bei feuchter Witterung und auch nachts. Außerdem dreht sich das Körbchen oft nach der Sonne. Alte Heilpflanze; enthält in den Blüten u. a. Saponine.

Weiße Wucherblume

Orakelblume, Margerite
Leucánthemum vulgáre
Korbblütengewächse
Asteráceae (Compósitae)

Mai–Oktober
30–60 cm

SK: Keine Verwechslungsmöglichkeit.

B: Blüten in einzelnen endständigen Köpfchen; außen weiße Zungenblüten, innen gelbe Röhrenblüten. Stengel aufrecht. Untere Blätter langgestielt, verkehrt-eiförmig bis spatelförmig, gekerbt; obere Bätter sitzend, gesägt.

SV: Halbtrockenrasen, Wiesen, trockene Gebüsche und lichte Trockenwälder; auf unterschiedlichen Böden; sehr häufig.

A: V; ♃

Die Weiße Wucherblume kann in wenig gedüngten Fettwiesen und in Gartenrasen massenhaft auftreten. Nährstoffarmut begünstigt sie, Mahd läßt sie durch Wurzelstockteilung teppichartig wachsen.

Geruchlose Strandkamille

Falsche Kamille
Tripleurospérmum inodórum
Korbblütengewächse
Asteráceae (Compósitae)

Juni – August
25 – 60 cm

SK: Blüten in rispig angeordneten Körbchen, außen weiße Zungenblüten, innen gelbe Röhrenblüten. Blütenboden markig, ohne Spreublätter. Blätter fein, doppelt-dreifach fiederteilig; Pflanze riecht allenfalls schwach aromatisch.

B: Stengel aufrecht, oben verästelt.

SV: Unkrautbestände auf Äckern, auf Schuttplätzen, an Wegen und gelegentlich auch auf Bahnschotter; auf unterschiedlichen, stets stickstoffhaltigen Böden; häufig.

A: V; ⊙–♃

Enthält im Gegensatz zur Echten Kamille kaum ätherische Öle. Läßt sich von der Echten Kamille durch den nicht hohlen Blütenboden am leichtesten unterscheiden.

Echte Kamille

Matricária chamomílla
Korbblütengewächse
Asteráceae
(Compósitae)

Mai–August
15–30 cm

SK: Blüten in rispig angeordneten Körbchen; außen weiße Zungenblüten, innen gelbe Röhrenblüten; Blütenboden hohl, ohne Spreublätter. Blätter fein, doppelt fiederteilig. Pflanze riecht kräftig aromatisch.

B: Zungenblüten bei älteren Blüten nach unten geschlagen. Stengel aufrecht, ästig, kahl.

SV: Unkrautbestände, vor allem auf Getreideäckern und an Wegen; liebt nährstoffreichen, stickstoffhaltigen Lehmboden; kalkscheu; häufig.

A: V; ⊙

Die Echte Kamille ist eine noch heute genutzte Heilpflanze. Sie enthält vor allem in den Blüten ätherisches Öl, wobei durch Destillation das entzündungshemmende Chamazulen entsteht.

Gemeine Schafgarbe

Achilléa millefólium
Korbblütengewächse
Asteráceae
(Compósitae)

Juni – Oktober
15 – 50 cm

SK: Blüten in trugdoldig angeordneten kleinen Körbchen. Außen weiße oder rosarote Zungenblüten, innen gelbweiße Röhrenblüten; Blätter doppelt fiederteilig. Pflanze riecht aromatisch.

B: Meist nur 4 – 5 Zungenblüten. Stengel aufrecht. Teilblättchen zwei- bis fünfspaltig.

SV: Halbtrockenrasen, Wiesen, Wege, Raine; auf unterschiedlichen, aber meist stickstoffhaltigen Böden; sehr häufig.

A: V; ♃; (☠)

Heilpflanze; enthält ätherische Öle und geringe Mengen Furocumarine. Schafgarbensaft kann bei dafür empfindlichen Menschen auf der Haut Entzündungen hervorrufen, wenn die benetzte Stelle dem Licht ausgesetzt wird.

Sumpf-Schafgarbe

Bertram-Schafgarbe
Achilléa ptármica
Korbblütengewächse
Asteráceae (Compósitae)

Juli–September
30–70 cm

SK: Blüten in trugdoldig angeordneten, kleinen Körbchen. Außen 8–13 Zungenblüten, innen Röhrenblüten. Blätter ungeteilt, lineallanzettlich, gesägt.

B: Körbchen etwa 1,5 cm im Durchmesser. Blüten elfenbeinfarben. Stengel reichblättrig.

SV: Nasse Wiesen, Gräben, Ufer; liebt grundwasserfeuchten, lehmigen Boden; Nässezeiger; zerstreut.

A: V; ♃

Alte Heilpflanze, die in der Wurzel einen scharfschmeckenden Stoff enthält. Dabei dürfte es sich um das Isobutylamid der Dehydromatricariasäure handeln. Es wirkt, wie andere, ähnliche Stoffe, giftig gegen Insekten. Wie, ist noch unbekannt.

Große Eberwurz

Stengellose Eberwurz, Silberdistel
Carlína acāulis
Korbblütengewächse
Asteráceae (Compósitae)

Juni–September
3–40 cm

SK: Keine Verwechslungsmöglichkeit.

B: Körbchen 5–10 cm im Durchmesser. Nur weiße bis bräunlichweiße Röhrenblüten. Innere Hüllblätter lineal, strahlend weiß. Stengel niederliegend oder aufsteigend. Blätter meist rosettig, tief fiederspaltig, stechend, unterseits oft spinnwebig.

SV: Halbtrockenrasen, Heiden; liebt trockenen, tiefgrundigen, steinigen Boden; zerstreut.

A: V; ♃; ▽

Die weißen Hüllblätter sind hygroskopisch (wasseranziehend) und bewegen sich bei feuchter Luft nach innen, wogegen sie sich bei trockener Luft auseinanderspreizen. Hierauf bezieht sich der Name Wetterdistel.

Weiße Pestwurz

Petasítes álbus
Korbblütengewächse
Asteráceae
(Compósitae)

März – April
15 – 35 cm

SK: Blüten in traubig angeordneten Körbchen. Pflanze zur Blütezeit ohne Blätter, nur mit Blattschuppen am Stengel. Spinnwebig behaart.

B: Zungenblüten und Röhrenblüten gelblichweiß. Blätter erscheinen gegen Ende der Blütezeit; sie sind sehr groß, rundlich-herzförmig, unten weißfilzig, spitz gezähnt.

SV: Schluchtwälder, Auwälder, Bergwälder, Mischwälder; liebt steinigen Boden; zerstreut.

A: V; ♃

Die Weiße Pestwurz kommt bei uns vor allem in bergigen Buchen- und Tannen-Buchenwäldern auf Kalkböden vor, und zwar auf sickerfeuchtem Untergrund. Andererseits besiedelt sie auch Buchenwälder an der Ostseeküste.

Frühlings-Knotenblume

Sommertürchen, Märzenbecher
Leucójum vérnum
Amaryllisgewächse
Amaryllidáceae

Februar – April
10 – 30 cm

SK: Alle 6 Blütenblätter gleichartig.

B: Stengel ein- bis zweiblütig. Blüte duftet. Blütenblätter an der Spitze mit gelbgrünem Fleck. Blätter schmal, etwas fleischig, unbereift.

SV: Feuchte Wälder, Gebüsche, Wiesen; liebt mullreiche Böden; sehr selten; an ihren Standorten in größeren Beständen.

A: M; ♃; ☠; ▽

Die Staubblätter, die sich nach unten öffnen, lassen den Pollen beim leisesten Anstoß fallen. Die Frühlings-Knotenblume soll das giftige Alkaloid Leucojin enthalten. Über diesen Stoff ist wenig bekannt. Vergiftungen sind meines Wissens nicht beschrieben worden, wohl aber durch den Verzehr von Zwiebeln der verwandten Narzisse.

Schneeglöckchen

Galánthus nivális
Amaryllisgewächse
Amaryllidáceae

Februar – März
8 – 20 cm

SK: Blütenblätter ungleich: die 3 äußeren groß, weiß; die inneren kleiner, grünlich.

B: Stengel einblütig, Blätter 2, grundständig, schmal, fleischig, bereift.

SV: Laubmischwälder, Auwälder, Schluchtwälder; liebt nährstoff- und mullreichen, grundwasserdurchzogenen Lehmboden; sehr selten, an seinen Standorten jedoch in Rudeln; gelegentlich auch aus Gärten verwildert.

A: M; ♃; (☠); ▽

Die grünen Flecken an den inneren Blütenblättern sind Saftmale. – Das Schneeglöckchen enthält die Alkaloide Galanthamin, Lycorin und Nivalin, und zwar vor allem in der Zwiebel. Vergiftungen sind beschrieben worden.

Bären-Lauch

Állium ursínum
Lauchgewächse
Alliáceae

April–Juni
15–30 cm

SK: „Maiblumenähnliche" Blätter; beim Zerreiben starker Knoblauchgeruch.

B: Reichblütige Scheindolde. Blüten schneeweiß. Stengel stumpf dreikantig.

SV: Laubmischwälder, Buchenwälder und Auwälder, Parkanlagen, Gebüsche; liebt nährstoffreichen, lockeren, grundwasserdurchzogenen, humusreichen Lehmboden; sehr häufig; bildet oftmals ausgedehnte Bestände.

A: M; ♃

Der Bären-Lauch enthält ätherisches Öl mit übelriechenden Schwefelverbindungen, das in seiner Heilwirkung dem Knoblauchöl sehr nahekommt. Gelegentlich wie Knoblauch als Volksheilmittel verwendet.

Maiglöckchen

Maiblume
Convallária majális
Maiglöckchengewächse
Convallariáceae

Mai–Juni
15–25 cm

SK: Keine Verwechslungsmöglichkeit. Beeren rot.
B: Einseitswendige, überhängende, armblütige Traube. Blüten duften stark. Meist 2 (seltener 1 oder 3) Grundblätter. Kriechender Wurzelstock.
SV: Wälder verschiedener Art, alpine Matten; liebt lockere, warme Böden; sehr häufig; kommt an seinen Standorten meist in Beständen vor.
A: M; ♃; ☠; ▽
Das Maiglöckchen enthält Cardenolide, die in der Heilkunde verwendet werden. Sie gehen in Vasen, in denen Maiglöckchen längere Zeit stehen, in das Wasser über. Schwere Vergiftungen durch Kauen der Blütenstiele wurden bekannt. Das Fruchtfleisch der Beeren ist giftarm, doch sind die Samen gifthaltig.

Vielblütige Weißwurz

Polygonátum multiflórum
Maiglöckchengewächse
Convallariáceae

Mai–Juni
30–60 cm

SK: Stengel rund.

B: Trauben oder Einzelblüten in den Blattachseln. Beeren zuerst rot, später schwarz-blau. Blätter zweireihig, wechselständig.

SV: Buchenwälder und Laubmischwälder, seltener in Nadelforsten; liebt kalkhaltige, lockere und humusreiche, lehmige Böden; häufig.

A: M; ♃; ☠

Die Vielblütige Weißwurz wird durch Hummeln bestäubt. Da der Blüteneingang verhältnismäßig eng ist, können nur langrüsselige Insekten an den Nektar gelangen. Die Vielblütige Weißwurz enthält Saponine, nach neueren Untersuchungen aber keine herzwirksamen Glykoside, wie man das früher angenommen hat.

Gemeine Weißwurz

Salomonssiegel
Polygonátum odorátum
Maiglöckchengewächse
Convallariáceae

Mai – Juni
30 – 50 cm

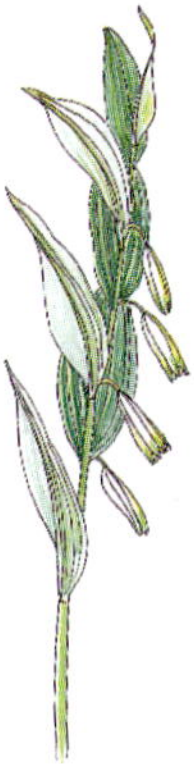

SK: Stengel kantig.

B: Meist nur 1 Blüte in den Blattachseln. Blüten duften. Blätter zweireihig, wechselständig. Beere dunkelblau.

SV: Lichte und trockene, oft an sonnigen Hängen gelegene Laubmischwälder oder Kiefernwälder, Gebüsche; liebt kalkige Böden; zerstreut.

A: M; ♃; ☠

Die Gemeine Weißwurz enthält dieselben Giftstoffe wie die Vielblütige Weißwurz. Sie soll die „Springwurz" der Märchen und Sagen sein, die verschlossene Türen öffnet und aus den Felsen Quellen springen läßt. Diese Zuordnung ist nicht unumstritten: einige Forscher glauben, mit der Springwurz sei der Diptam gemeint.

Quirlblättrige Weißwurz

Polygonátum verticillátum
Maiglöckchengewächse
Convallariáceae

Mai–Juni
30–70 cm

SK: Blätter stehen in 3–8zähligen Quirlen.
B: Blüten in den Blattachseln. Blätter schmallanzettlich. Beeren erst rot, dann blau.
SV: Laub- und Mischwälder auf nährstoffreichen, humosen Lehmböden; meidet warme Standorte; bevorzugt Halbschatten; zerstreut.
A: M; ♃; ☠
Die Quirlblättrige Weißwurz enthält möglicherweise dieselben Giftstoffe wie die Vielblütige Weißwurz. Bei der Quirlblättrigen Weißwurz können die Blüten von kurzrüsseligen Hummeln, von Bienen und von kurzrüsseligen Schmetterlingen bestäubt werden. Bei den anderen Weißwurz-Arten vermögen nur langrüsselige Hummeln den Nektar am Blütengrund zu erreichen.

Astlose Graslilie

Anthéricum liliágo
Affodillgewächse
Asphodeláceae

Mai–Juli
30–70 cm

SK: Blütenstand eine einfache Traube.
B: Blüten bis 5 cm im Durchmesser. Stengel aufrecht. Blätter schmal, fast grasartig.
SV: Trockenrasen, lichte Wälder und Waldränder; wärmeliebend; etwas kalkscheu; selten.
A: M; ♃
Von den Blüten der Traube ist häufig nur 1 voll aufgeblüht. So gesehen wird die beachtliche Größe der Einzelblüten verständlich. Bei der Astlosen Graslilie geht die Anlockwirkung nicht vom Blütenstand aus, sondern von der Einzelblüte. Mit einem Durchmesser von 4–5 cm gehört sie zu den großblütigen Arten unserer Flora. Bestäuber sind Fliegen und Bienen. Der Nektar wird oben am Fruchtknoten abgeschieden.

Ästige Graslilie

Anthéricum ramósum
Affodillgewächse
Asphodeláceae

Juni–August
30–100 cm

SK: Blütenstand verzweigt (Rispe).
B: Blüten bis 3,5 cm im Durchmesser. Stengel aufrecht. Blätter schmal, grasartig (2–6 mm breit).
SV: Trockenrasen, lichte Wälder und Gebüsche; liebt lockere, kalkhaltige Böden; selten.
A: M; ♃

Die Ästige Graslilie gehört zu den wärmeliebenden Arten in unserer Flora. Im Gegensatz zur Astlosen Graslilie bevorzugt sie kalkhaltigen Untergrund. Wo sie in lichten Wäldern vorkommt, kann man sie als Trockenheits- bzw. Wärmezeiger ansehen. Prinzipiell gilt dies auch für die Vorkommen im Alpengebiet, wenngleich sie hier auf Standorten wächst, an denen im Jahresmittel hohe Niederschläge fallen.

Frühlings-Krokus

Weißer Safran, Weißer Krokus
Crócus albiflórus
Schwertliliengewächse
Iridáceae

März – April
8 – 15 cm

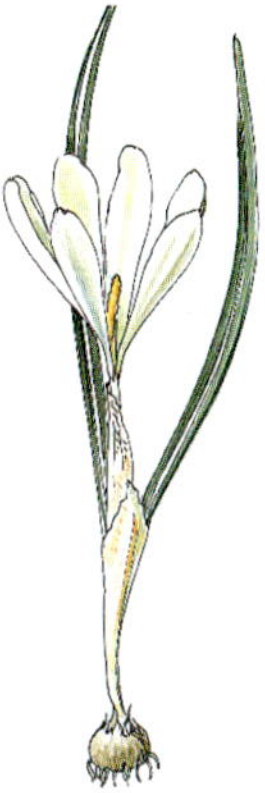

SK: Blütenblätter vier- bis fünfmal länger als breit.
B: Blüten im Schlund leicht behaart, vor den Blättern erscheinend. Narben kürzer als die Staubblätter. Sproßknolle.
SV: Bergwiesen; liebt nährstoffreichen, kalkhaltigen und im Frühjahr gut durchfeuchteten, lehmigen Boden; in Deutschland selten (Alpen, Voralpengebiet und Südschwarzwald); kommt an seinen Standorten in Rudeln vor.
A: M; ♃; ▽
Die violettblühenden Formen sind sehr viel seltener als die weißblühenden (ca. 97 % aller Blüten sind weiß); jedoch kann der Anteil an violettblühenden Pflanzen an demselben Standort von Jahr zu Jahr schwanken.

Weiße Robinie

Falsche Akazie
Robínia psēūdo-acácia
Schmetterlingsblütengewächse
Fabáceae (Leguminósae)

Mai–Juni
bis 25 m

SK: Blüten in hängenden Trauben. Am Blattstiel oft zwei nebeneinanderstehende Dornen.

B: Blüten wohlriechend. Blätter unpaarig gefiedert. 9–19 eiförmig-längliche Teilblättchen.

SV: Bahndämme, lichte, trockene Wälder, trockene Gebüsche; auf Böden unterschiedlicher Art; wärmeliebend; nur angepflanzt oder verwildert.

A: G; ♄

Die Weiße Robinie war ursprünglich im östlichen Nordamerika beheimatet. Von dort wurde sie durch J. Robin 1601 nach Europa eingeführt. Ihm zu Ehren wurde der wissenschaftliche Gattungsname vergeben. Früher hat man Robinien vor allem als „Bienenweide" und zur Befestigung magerer Raine gepflanzt.

Weißer Steinklee

Honigklee, Bucharaklee
Melilótus álba
Schmetterlingsblütengewächse
Fabáceae (Leguminósae)

Juli–September
30–130 cm

SK: Blüten in langen, schmalen, aufrechten Trauben. Blätter dreizählig.
B: Stengel ästig. Teilblättchen verkehrt-eiförmig. Getrocknete Pflanze riecht nach Waldmeister.
SV: Unkrautbestände an Wegrainen und auf Schuttplätzen; liebt steinigen Boden; häufig.
A: G; ☉
Der Waldmeisterduft wird durch Cumarin hervorgerufen, das die Pflanze in organischer Bindung enthält und das beim Trocknen frei wird. Wenn Weißer Steinklee in feuchtem Heu enthalten ist, entsteht in ihm aus Cumarin eine chemische Verbindung, die die Blutgerinnung hemmt. Rinder, die solches Heu fressen, können dann an relativ geringfügigen Verletzungen verbluten.

Berg-Klee

Trifólium montánum
Schmetterlingsblütengewächse
Fabáceae
(Leguminósae)

Mai – Oktober
15 – 60 cm

SK: Blüten deutlich gestielt. Blättchen unterseits behaart. Stengel aufrecht.

B: Blüten weiß bis elfenbeinfarben. Stengel wollig behaart. Teilblättchen länglich, scharf gesägt.

SV: Trockenrasen, Halbtrockenrasen, trockene Gebüsche, lichte Trockenwälder; liebt kalkhaltigen Boden; wurzelt verhältnismäßig tief und meidet flachgründige Standorte; selten.

A: G; ♃

Der Berg-Klee wurde früher als Heilpflanze verwendet. Inhaltsstoffe, die dies rechtfertigen könnten, wurden nicht gefunden. – Als Futterpflanze wird der Berg-Klee wenig geschätzt. Auf Trockenrasen, die von Schafen beweidet werden, bleibt er meist stehen.

Weiß-Klee

Lämmer-Klee, Kriechender Klee
Trifólium répens
Schmetterlingsblütengewächse
Fabáceae (Leguminósae)

Mai – September
20 – 50 cm

SK: Blüten deutlich gestielt, rein weiß. Kelch zehnnervig. Stengel niederliegend, kriechend, wurzelnd. Blättchen unterseits kahl.

B: Blüten in eiförmigen Köpfchen, duftend. Teilblättchen keil- bis verkehrt-eiförmig mit herzförmiger Spitze.

SV: Wiesen und Weiden, Gartenrasen, Rasen in Parks, auf Sportplätzen usw.; stickstoffliebend; unempfindlich gegen Tritt; sehr häufig.

A: G; ♃

Der Kriech-Klee, der in Rasenmischungen häufig enthalten ist, gedeiht flächig nur auf Böden, die zumindest zeitweise feucht sind, damit sich seine oberirdischen Ausläufer bewurzeln können. Andererseits ist er gegen Staunässe empfindlich.

Rote Heckenkirsche

Lonícera xylósteum
Geißblattgewächse
Caprifoliáceae

Mai–Juni
1,2–2,5 m

SK: Zweige rutenförmig, hohl, nicht windend. Blätter flaumig behaart.

B: Blüten paarweise auf einem Stiel, blattachselständig, elfenbeinfarben. Blätter ganzrandig, rundlich-elliptisch. Rote, nicht miteinander verwachsene Doppelbeeren.

SV: Wälder aller Art; liebt lockeren, oft etwas steinigen Lehmboden; kalkliebend; häufig.

A: V; ♄; ☠

Die Beeren enthalten den chemisch noch nicht näher untersuchten Bitterstoff Xylostein, ein Glycoalkaloid sowie Saponine. Der Grad der Giftigkeit der Beeren ist umstritten. In der älteren Literatur wird von Todesfällen berichtet. Oft soll nur Erbrechen beobachtet worden sein.

Deutsches Geißblatt

Lonícera periclýmenum
Geißblattgewächse
Caprifoliáceae

Juni – August
bis 3 m

SK: Stengel windend. Obere Blätter nicht miteinander verwachsen.

B: Blüten in endständigen, büscheligen Köpfchen, elfenbeinfarben bis blaßgelb, oft rötlich überlaufen. Stengel rechtswindend. Blätter oval oder verkehrt-eiförmig, kurzgestielt, die oberen sitzend. Rote, nicht verwachsene Doppelbeere.

SV: Laubwälder, Auwälder, Bergwälder; liebt Lehmböden; etwas kalkscheu; zerstreut.

A: V; ♄; (☠)
Die Beeren enthalten möglicherweise einen giftigen Bitterstoff. Genauere Untersuchungen scheinen nicht vorzuliegen; doch sollte man die Beeren solange als giftverdächtig ansehen, bis Ungiftigkeit bewiesen ist.

Weiße Taubnessel

Bienensaug
Lámium álbum
Lippenblütengewächse
Lamiáceae (Labiátae)

April – Oktober
30 – 60 cm

SK: Pflanze brennesselartig, ohne Brennhaare.

B: 5 – 8 Blüten in blattachselständigen Scheinquirlen. Stengel vierkantig. Blätter kreuzgegenständig, gestielt, gekerbt-gesägt.

SV: Unkrautbestände an Wegen, auf Schuttplätzen, an Mauern und auf Bahndämmen, selten auf Äckern; stickstoffliebend, sehr häufig.

A: V; ♃

Die nektarreichen Blüten werden vor allem von langrüsseligen Hummeln und Bienen beflogen, weil nur sie „legal" an den am Grund der Blütenröhre abgesonderten Nektar gelangen können. Freilich beißen kurzrüsselige Hummeln die Blütenröhre manchmal an und rauben so den begehrten, nährenden Saft.

Berg-Ziest

Stáchys récta
Lippenblütengewächse
Lamiáceae
(Labiátae)

Juni – Oktober
20 – 60 cm

SK: Sitzende Blüten in Scheinquirlen in den Blattachseln und endständig. Lappen der Unterlippe breit. Kelch ohne hervorstehende Rippen.

B: Blüten 1 – 2 cm lang. Stengel aufrecht. Blätter schmal eiförmig, gekerbt, oder fast ganzrandig.

SV: Trockenrasen, Halbtrockenrasen, trockene Gebüsche, lichte Trockenwälder; liebt kalkhaltigen, steinigen, aber dennoch tiefgründigen Boden; in verkarstetem Gelände gelegentlich auf Schlotten; wärmeliebend; selten, tritt meist in Rudeln auf.

A: V; ♃

Die römischen Gladiatoren sollen Teile dieser Pflanze als Amulett gegen Hieb- und Stichverletzungen bei ihren Kämpfen getragen haben.

Wiesen-Augentrost

Gemeiner Augentrost
Euphrásia rostkoviána
Braunwurzgewächse
Scrophulariáceae

Juli–Oktober
5–25 cm

SK: Kelch und Hochblätter mit Drüsenhaaren.

B: Ähre. Unterlippe dreilappig, violett gestreift und gelb gefleckt. Stengel aufsteigend, meist verzweigt. Blätter gegenständig, eiförmig, gekerbtgezähnt.

SV: Wiesen, Halbtrockenrasen; etwas kalkscheu; sehr häufig.

A: V; ⊙; (☠)

Halbschmarotzer. Enthält Aucubin, Gerbstoffe und ätherisches Öl. Alte Heilpflanze. Früher und auch gelegentlich noch heute zur Behandlung von Augenleiden verwendet (Name). Ob diese Verwendung durch die Inhaltsstoffe gerechtfertigt ist, ist zweifelhaft. In dem gelben Saftmal hat man wohl ein „Augenbild" gesehen.

Zweiblättrige Waldhyazinthe

Platanthéra bifólia
Orchideengewächse
Orchidáceae

Mai–Juli
20–40 cm

SK: Blütensporn dünn, langgezogen. Blüte stark duftend, Stengel trägt nur 2 große, ovale Blätter.
B: Reichblütige Traube. Sporn der Lippe 1,5–2,5mal so lang wie der gedrehte Fruchtknoten.
SV: Lichte Laub-, Laubmisch- und Nadelwälder, auch auf Magerrasen und Heiden; zeigt oberflächliche Versauerung auf sonst kalkhaltigen Böden; wärmeliebend; zerstreut.
A: M; ♃; ▽
Die Zweiblättrige Waldhyazinthe duftet besonders stark bei Nacht. Durch den Duft werden Nachtschmetterlinge angelockt, die mit ihrem langen Rüssel den Nektar erreichen können, der sich in der Spornspitze befindet. Beim Blütenbesuch erfolgt die Bestäubung.

Bleiches Waldvögelein

Großblütiges Waldvögelein
Cephalanthéra damasónium
Orchideengewächse
Orchidáceae

Mai – Juli
20 – 50 cm

SK: Blüte aufrecht, ohne Sporn. Blätter eiförmig.
B: Blüten in einer Ähre, 15 – 20 mm lang; der „Blütenstiel" ist der gedrehte Fruchtknoten. Blüte meist elfenbeinfarben, seltener gelblich oder gelb.
SV: Buchenwälder, Laub-Mischwälder, Kiefernbestände, Trockenwälder und Gebüsche; liebt lokkere, kalkhaltige Böden; zerstreut.
A: M; ♃; ▽

Das Bleiche Waldvögelein ist eine Pflanze der Kalk-Buchenwälder. Nur selten geht sie in Trokkengebüsche oder Halbtrockenrasen. Ihre meist geschlossenen Blüten dürften sich in der Regel dadurch selbst bestäuben, daß sich die Pollenpakete auf die Narbe absenken.

Sumpf-Sitter

Sumpfwurz
Epipáctis palústris
Orchideengewächse
Orchidáceae

Juni – August
30 – 50 cm

SK: Lippe ohne Sporn, Blüte leicht hängend, Blütenblätter abstehend; Lippe mit rötlichen Adern.

B: Einseitswendige Traube. Äußere Blütenblätter etwas grünlich oder bräunlich, vorne abgerundet. Lippe stark eingeschnürt, vorne abgerundet (vorderes Lippenglied bricht oft ab). Blätter länglich-lanzettlich.

SV: Flachmoore, Binsen- und Pfeifengrasbestände; kalkliebend; sehr selten.

A: M; ♃; ▽

Die Lippe ist mit ihrem gewellten Rand ideal als Landeplatz für die Bestäuber; es sind dies vorwiegend Wespen und Fliegen, die mit ihren kurzen Rüsseln leicht an den Nektar gelangen, der auf dem hinteren Lippenglied abgesondert wird.

Großes Schöllkraut

Schellkraut
Chelidónium május
Mohngewächse
Papaveráceae

April–Oktober
30–100 cm

SK: Pflanze enthält orangegelben Milchsaft.

B: Blüten in Dolden, auch einzeln blattachselständig. Stengel ästig, dünn behaart oder kahl. Blätter fiederspaltig, buchtig gekerbt oder gezähnt, dünn behaart oder kahl, unterseits blaugrün.

SV: Unkrautbestände auf Schuttplätzen, an Mauern und Waldrändern, an Wegen und Dorfrändern, auch in feuchten, lichten Wäldern und in Gebüschen; Stickstoffzeiger; häufig.

A: G; ♃; ☠

Enthält mehrere giftige Alkaloide. Arzneipflanze. Milchsaft gilt als Volksheilmittel gegen Warzen, jedoch scheint die angebliche Wirkung mehr auf Autosuggestion als auf wirksamen Inhaltsstoffen zu beruhen.

Wechselblättriges Milzkraut

Chrysosplénium alternifólium
Steinbrechgewächse
Saxifragáceae

März–Juni
8–15 cm

SK: Stengelblätter wechselständig.
B: Trugdolde. Stengel kantig. Blätter rund-nierenförmig, gekerbt, obere gelb überlaufen.
SV: Laubwälder, Schluchtwälder, schattige, klare Bäche, nasse Bergwiesen, Quellaustritte, Rinnen mit Hangdruckwasser; zerstreut.
A: G; ♃

Das Wechselblättrige Milzkraut ist eine alte Heilpflanze. Man verwendete es gegen Erkrankungen der Milz, weil man in den gekerbten Tragblättern eine Ähnlichkeit mit diesem Organ und damit einen Hinweis auf arzneiliche Brauchbarkeit zu erkennen glaubte. Inhaltsstoffe, die einen solchen Gebrauch rechtfertigen könnten, wurden nicht gefunden.

Aufrechtes Fingerkraut

Blutwurz, Ruhrwurz
Potentílla erécta
Rosengewächse
Rosáceae

Juni–Oktober
15–30 cm

SK: Blüten einzeln in den Blattachseln, etwa 1 cm im Durchmesser. Nur 4 Blütenblätter. Grundblätter dreizählig. Stengelblätter fünfzählig, handförmig geteilt.
B: Stengel aufgebogen. Blätter sitzend.
SV: Lichte Laubwälder, Mischwälder, Nadelforste, Heiden, trockene Wiesen, Flachmoore; kalkscheu; zeigt oberflächliche Bodenversauerung an; häufig.
A: G; ♃
Die Pflanze enthält Tormentillrot und Gerbstoffe. Auf ihnen beruht die Förderung der Blutgerinnung. Die Wurzelstöcke werden auch mit Schnaps zu einem Magenbitter angesetzt. Alte Heilpflanze.

Mistel

Víscum álbum
Mistelgewächse
Viscáceae

März–April
20–50 cm

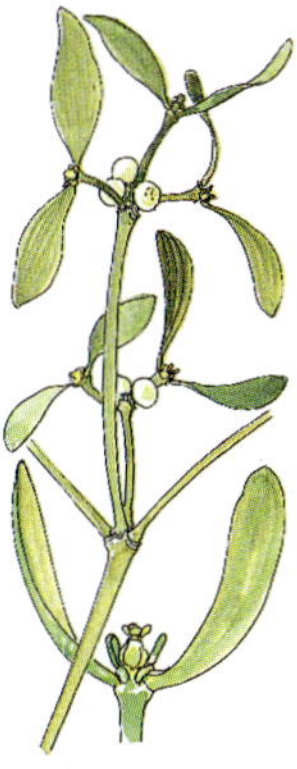

SK: Pflanze gelbgrün. Blätter lederig, immergrün. Schmarotzt auf Bäumen.

B: Pflanze zweihäusig. Blüten in Büscheln, klein. Frucht weiße Beere. Blätter gegenständig.

SV: Schmarotzer z.B. auf Pappeln, Apfelbäumen, Weißtannen, Kiefern; selten.

A: G; ♄; (☠)

Die Mistel enthält das giftige Viscotoxin. Im Mittelalter wurden die Beeren zur Herstellung von Vogelleim verwendet. Die Beeren werden insbesondere von Drosseln gefressen. Die Samen passieren den Vogeldarm unverdaut und werden durch die Kotabscheidung verbreitet. Die Mistel spielt in alten Sagen und Märchen eine große Rolle (Weihnachtlicher „Mistelzweig“).

Sonnenwend-Wolfsmilch

Euphórbia helioscópia
Wolfsmilchgewächse
Euphorbiáceae

April–Oktober
5–30 cm

SK: Trugdolde vier- bis fünfstrahlig. Drüsen des Hüllbechers queroval, hellgelb.

B: Stengel aufrecht. Blätter verkehrt-eiförmig, vorn gesägt. Pflanze mit weißem Milchsaft.

SV: Unkrautbestände auf Hackfruchtäckern, in Gärten und Weinbergen, auf Schuttplätzen; liebt lockeren Boden; Stickstoffzeiger; sehr häufig.

A: G; ⊙; ☠

Die Sonnenwend-Wolfsmilch dreht ihre Blütenstände dem Licht zu. Darauf beziehen sich der wissenschaftliche und der deutsche Artname (griech. helios = Sonne; griech. skopein = schauen). Der Milchsaft enthält giftige Diterpene. Auf der Haut kann er Entzündungen verursachen.

Warzen-Wolfsmilch

Euphórbia verrucósa
Wolfsmilchgewächse
Euphorbiáceae

Mai–Juni
30–50 cm

SK: Trugdolde mit 5 Hauptästen. Drüsen des Hüllbechers oval. Reife Kapsel 3–4 mm im Durchmesser, dicht warzig. Blätter länglich-eiförmig.

B: Pflanze führt weißen Milchsaft. Stengel zu mehreren aus der Basis des vorjährigen Stengels entspringend; Pflanze daher meist büschelig wachsend. Blätter ganzrandig oder fein gesägt.

SV: Raine, Magerwiesen, sonnige Gebüsche. Vorzugsweise auf kalkhaltigem, trockenem und eher nährstoffarmem Boden. Süddeutsche Kalkgebiete und Rhön. Hier zerstreut.

A: G; ♃; ☠
Wird gelegentlich von dem Brandpilz *Uromýces písi* befallen und sieht dann verändert aus (s. Bild rechts).

Zypressen-Wolfsmilch

Euphórbia cyparíssias
Wolfsmilchgewächse
Euphorbiáceae

April – Mai
15 – 30 cm

SK: Trugdolde vielstrahlig. Stengel dicht beblättert. Blätter schmallineal, 1 – 2 mm breit. Pflanze bläulichgrün. Pflanze führt weißen Milchsaft.

B: Stengel aufrecht oder aufsteigend. Blätter wechselständig, ganzrandig.

SV: Trockenrasen, Halbtrockenrasen, Wegraine; liebt flachgründige Böden; sehr häufig.

A: G; ♃; ☠

Der Milchsaft enthält das giftige Euphorbon. Vom Vieh wird die Pflanze nicht gefressen. Merkwürdigerweise ist sie aber die einzige Futterpflanze für die Raupen des Wolfsmilchschwärmers. Sehr oft wird die Zypressen-Wolfsmilch vom Erbsenrost befallen und sieht dann stark verändert aus (Bild rechts).

Berg-Steinkraut

Alýssum montánum
Kreuzblütengewächse
Brassicáceae
(Crucíferae)

April–Juni
5–20 cm

SK: Blüte goldgelb, 3–8 mm im Durchmesser. Fruchtknoten und Frucht höchstens dreimal so lang wie breit, 5–8 mm lang, linsenförmig. Blätter ganzrandig, graufilzig.

B: Reichblütige, dichte Traube. Stengel im unteren Teil verholzend, reichästig. Blätter verkehrteiförmig bis lanzettlich, obere sitzend.

SV: Trockenrasen und Rasenbänder in Felsabstürzen; liebt lockere, kalkhaltige und humusreiche Böden; wärmeliebend; sehr selten.

A: G; ♃
Osteuropäisch-mittelmeerische Steppenpflanze, die erst in einer nacheiszeitlichen Wärmeperiode ihr jetziges Verbreitungsgebiet in Mitteleuropa eingenommen hat.

Immergrünes Felsenblümchen

Drába aizoídes
Kreuzblütengewächse
Brassicáceae
(Cruciferae)

März – Juni
5 – 15 cm

SK: Fruchtknoten höchstens dreimal so lang wie breit. Stengel blattlos. Blätter in Rosetten.

B: Trugdoldige Traube. Blüten auf 2 – 3 mm langen, aufrecht abstehenden Stielen, goldgelb. Stengel unverzweigt. Rosettenblätter fleischig, lineal, zugespitzt.

SV: An Kalkfelsen; wärmeliebend. Nur im Schwäbisch-Fränkischen Jura und in den Alpen; sehr selten; fällt aber an seinen Standorten meist auf.

A: G; ♃

Die Blüten bleiben bei Regenwetter halb geschlossen und können sich dann selbst befruchten. Der Fruchtstand überdauert den Winter. Die Samen werden erst im Spätwinter oder im Frühjahr ausgestreut.

Färber-Waid

Waid
Ísatis tinctória
Kreuzblütengewächse
Brassicáceae (Crucíferae)

Mai–Juli
50–140 cm

SK: Blütentraube. Früchte hängend, nach vorn verbreitert, zuletzt schwarz.

B: Doldige Rispe. Blütenblätter doppelt so lang wie der Kelch. Blätter bläulichgrün, kahl, ganzrandig, herz- bis pfeilförmig stengelumfassend.

SV: Unkrautbestände in Weinbergen, an Wegen, seltener in Halbtrockenrasen; wärmeliebend; liebt stickstoffreichen, kalkhaltigen, lockeren Boden; selten; überall nur verwildert.

A: G; ⊙; ♃; (☠)

Der Färber-Waid wurde seit rund 2000 Jahren bis in die Neuzeit hinein angebaut. Aus dem vergorenen Kraut gewann man Indigoblau. Die Heimat des Färber-Waids ist Südosteuropa und Westasien. Indigo ist giftig.

Rispen-Finkensame

Ackernuß
Néslia paniculáta
Kreuzblütengewächse
Brassicáceae (Crucíferae)

Mai–August
15–50 cm

SK: Blüten 2–6 mm im Durchmesser. Früchte kugelig, 1–2 mm im Durchmesser, schräg aufwärts abstehend.

B: Trugdoldige, reichblütige Rispe. Blüten goldgelb. Stengel unten behaart. Blätter lanzettlich, die untersten in den Stiel verschmälert, die oberen sitzend, spitz, behaart.

SV: Unkrautbestände vor allem auf Getreideäkkern; wärmeliebend, bevorzugt Lehmböden; auch auf Löß; selten.

A: G; ⊙

Der Rispen-Finkensame ist durch die Unkrautbekämpfung mit Herbiziden an vielen der Orte heute fast ausgerottet worden, an denen er zwischen 1950 und 1960 noch häufig war.

Wege-Rauke

Raukensenf
Sisýmbrium officinále
Kreuzblütengewächse
Brassicáceae (Crucíferae)

Mai – Oktober
30 – 60 cm

SK: Fruchtknoten und Früchte mehr als dreimal so lang wie breit. Früchte jederseits mit 3 Nerven. Samen in jedem Fruchtfach einreihig. Früchte aufrecht, an den Stengel angedrückt. Untere Blätter schrotsägeförmig.

B: Traube, Blüten blaßgelb. Blütenblätter bis 3 mm lang.

SV: Unkrautbestände an Wegen, auf Schuttplätzen und Bahndämmen; Stickstoffzeiger; häufig.

A: G; ⊙

Die Wege-Rauke ist eine alte Heilpflanze. Sie enthält Senfölglycoside und Gerbstoffe. In den Samen sind herzwirksame Glycoside gefunden worden. Daher ist vom Hausgebrauch als Heilpflanze abzuraten.

Acker-Senf

Sinápis arvénsis
Kreuzblütengewächse
Brassicáceae
(Crucíferae)

Mai–August
30–60 cm

SK: Fruchtknoten und Frucht mehr als dreimal so lang wie breit. Blüten gelb, 12–15 mm im Durchmesser. Kelchblätter stehen waagrecht ab.

B: Doldenähnliche Traube. Blätter ungeteilt, eiförmig, die unteren fast leierförmig, unregelmäßig eingebuchtet und gezähnt.

SV: Unkrautgesellschaften auf Äckern und gelegentlich in Gärten, auch auf Schuttplätzen; liebt kalkhaltige und nährstoffreiche Lehmböden; sehr häufig.

A: G; ⊙

Enthält im Samen Senföl. Alte Arzneipflanze. Die Samen des Acker-Senfs bewahren ihre Keimfähigkeit über viele Jahre, ja vielleicht über mehrere Jahrzehnte.

Echtes Barbarakraut

Echtes Barbenkraut
Barbaréa vulgáris
Kreuzblütengewächse
Brassicáceae (Crucíferae)

Mai–Juni
30–60 cm

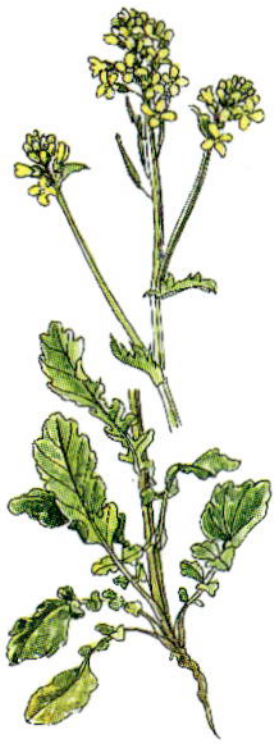

SK: Blütenblätter doppelt so lang wie der Kelch, goldgelb. Fruchtknoten mehr als dreimal so lang wie breit, Früchte vierkantig, abstehend.

B: Traube. Untere Blätter leierförmig, obere fiederschnittig bis ungeteilt.

SV: Unkrautbestände an Wegen, auf Bahndämmen, auf feuchten Schuttplätzen; häufig.

A: G; ♃

Das Barbarakraut hat seinen deutschen Namen, von dem der lateinische abgeleitet wurde, vermutlich erst im 16. Jahrhundert bekommen. Es bleibt nämlich bis in den Winter hinein grün, so daß man noch am 4. Dezember, dem Barbaratag, Blätter zu einem Wildsalat einsammeln kann.

Gelbe Resede

Gelber Wau, Wilde Resede
Reséda lútea
Resedengewächse
Resedáceae

Mai–Oktober
30–60 cm

SK: Blätter ein- bis zweifach fiederspaltig.

B: Dichtblütige Traube. Blüten blaßgelb. Stengel einfach oder ästig.

SV: Unkrautbestände an Wegen, auf Bahndämmen, auf Schuttplätzen, seltener in Weinbergen oder auf Hackfruchtäckern; liebt sandige, steinige, nährstoffreiche Böden; zerstreut.

A: G; ⊙–♃

Die Gelbe Resede war ursprünglich im Mittelmeergebiet beheimatet. An Standorten mit rohen Steinböden, wie z. B. auf Bahnhöfen oder auf Steinhalden in Weinbergen, hat sie Konkurrenzvorteile und faßt Fuß. Sie wurde früher gelegentlich als Heilpflanze genutzt; enthält Senföle und Flavone.

Herlitze

Dürlitze, Kornelkirsche
Gelber Hartriegel
Córnus más
Hartriegelgewächse *Cornáceae*

März – Mai
2,5 – 6 m

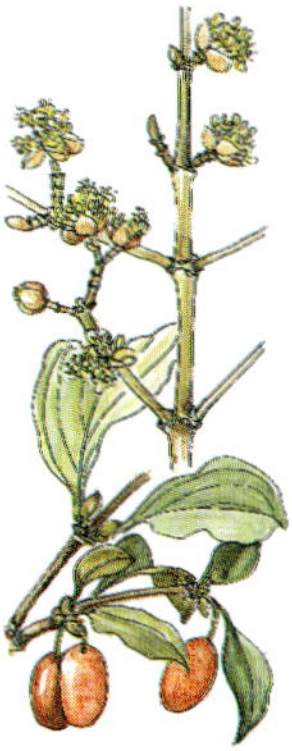

SK: Blüten in kleinen, büscheligen Dolden an den unbelaubten Zweigen.

B: Dolden einfach, seitenständig. Steinfrucht rot, Zweige rund, kahl, grün, Blätter gegenständig, ganzrandig, eiförmig, bogennervig.

SV: Trockenwälder, trockene Gebüsche, Auwälder, Flußufer; liebt lockeren, etwas kalkhaltigen Boden; wärmeliebend; selten; oft verwildert.

A: G; ♄

Die „Beeren" sind eßbar; sie schmecken etwas säuerlich. Man hat sie früher – vor allem in Notzeiten – auch schon zu Marmeladen und Gelees verarbeitet. Sie werden auch von Vögeln gefressen; dadurch wird der Samen – ein Steinkern in jeder Frucht – verschleppt.

Gewöhnlicher Fichtenspargel

Ohnblatt
Monótropa hypópitys
Fichtenspargelgewächse
Monotropáceae

Juni – Oktober
10 – 30 cm

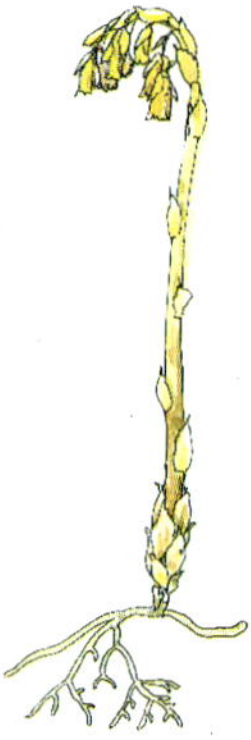

SK: Ganze Pflanze bleichgelb oder braungelb. Nur mit Schuppenblättern.

B: Traube zuerst nickend, zur Fruchtzeit aufrecht. Blüten glockig. Endblüte mit 5 Zipfeln. Blütenblätter 12 – 16 mm lang. Stengel wachsgelb bis braun, selten rötlich, brüchig-fleischig. Blätter schuppenförmig, braun-gelb; Wurzel verzweigt, nestartig verflochten.

SV: Mischwälder und Nadelforste; liebt sauren, mullhaltigen und sandigen Boden; selten.

A: V; ♃

Die Wurzeln des Fichtenspargels werden ähnlich wie die der Nestwurz von Pilzfäden durchzogen. Die Pflanze enthält Glycoside. Alte Heilpflanze gegen Tierkrankheiten.

Echtes Labkraut

Gálium vérum
Rötegewächse
Rubiáceae

Juni–Oktober
15–60 cm

SK: Endständige, reichblütige Rispe. Blätter nadelförmig, zu 8–12 quirlständig.
B: Blüten nach Honig duftend. Stengel aufrecht oder aufsteigend, rundlich, mit 4 hervortretenden Linien. Blätter unterseits weißlich.
SV: Halbtrockenrasen, Wegraine; häufig.
A: V; ♃
Die Pflanze enthält in 100 g Blattgewebe etwa 1 mg Labferment (Name!). Dieser Stoff bringt die Milch zum Gerinnen. Deswegen wurde das Labkraut früher oft zur Käsebereitung verwendet. Alte Heilpflanze, die Gerbstoffe, etwas Aucubin und Flavonoide enthält. Der vor allem in feuchtwarmer Luft intensive Duft der Blüten wird von ätherischem Öl verursacht.

Breitblättriges Kreuzlabkraut

Kreuz-Labkraut
Cruciáta lāevipes
Rötegewächse
Rubiáceae

April – Juni
15 – 70 cm

SK: Blüten in den Blattachseln. Blätter zu 4 quirlständig.

B: Blüten 2 – 2,5 mm im Durchmesser, Stengel vierkantig. Blätter dreinervig.

SV: Waldränder, Gebüsche, Unkrautbestände an Wegen, seltener auf Schuttplätzen und waldnahen Wiesen; liebt lockere Böden; häufig.

A: V; ♃

Im Breitblättrigen Kreuzlabkraut wurde Asperulin, ein aucubinähnliches Glycosid, gefunden. Dieser Inhaltsstoff verweist – wie auch der ähnliche Blütenbau – auf die Verwandtschaft zu den Labkräutern, zu denen die Art lange Zeit gestellt worden war. Außer Asperulin enthält es auch noch Rutin und Cruciatin, ein Cumaringlycosid.

Aufrechter Igelkolben

Ästiger Igelkolben
Spargánium eréctum
Igelkolbengewächse
Sparganiáceae

Juni–September
30–60 cm

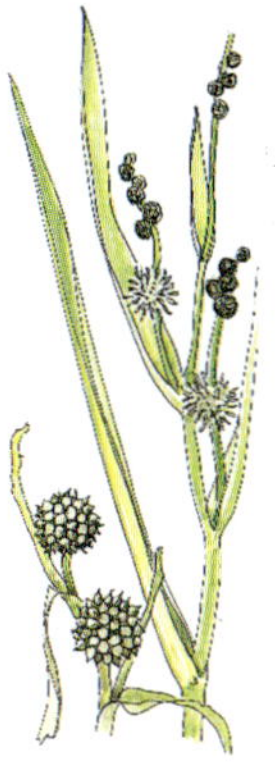

SK: Stengel ästig. Auch an den Ästen oben männliche, unten weibliche Kolben. Fruchtende weibliche Kolben stachelig (Name).

B: Männliche und weibliche Blüten in kugeligen Kolben; männliche Kolben oben an den Ästen, weibliche unten. Blätter meist steif aufrecht, lang, 3–15 mm breit, unten dreikantig.

SV: Röhricht langsam fließender und stehender Gewässer; nährstoffliebend; häufig.

A: M; ♃

Ähnlich: Einfacher Igelkolben *Spargánium símplex:* Stengel unverzweigt; Blätter steif aufrecht, 3–6 mm breit, unten dreikantig. Röhricht langsam fließender oder stehender, kalkarmer, meist etwas saurer Gewässer; sehr selten.

Große Mummel

Gelbe Teichrose, Nixenblume
Núphar lútea
Teichrosengewächse
Nymphaeáceae

Juni–August
bis 2,5 m tief

SK: Blüten 4–6 cm Durchmesser. Blattspreite 12–30 cm lang, Blattstiel 4–8 mm dick.

B: Blüten einzeln, stark duftend. Blattstiele seilartig. Blätter eiförmig, herzförmig eingeschnitten, ganzrandig, lederartig, schwimmend.

SV: Schwimmpflanzenbestand stehender oder langsam fließender Gewässer; liebt kühle, aber nährstoffreiche Gewässer, kommt aber auch in sauren Moorseen vor; selten, doch oft in größeren Beständen.

A: G; ♃; (☠); ▽

Die Früchte der Teichrose schwimmen, weil im Fruchtgewebe Luftblasen eingeschlossen sind. Diese entweichen jedoch nach einiger Zeit. Dann sinken die Früchte auf den Boden.

Sumpf-Dotterblume

Cáltha palústris
Hahnenfußgewächse
Ranunculáceae

März–Juni
15–50 cm

SK: Blätter nierenförmig, glänzend. Blüte fettig glänzend.

B: Blüten bestehen nur aus den 5 großen, dottergelben Kelchblättern. Durchmesser bis 4 cm. Stengel hohl, liegend bis aufsteigend. Blätter fein gekerbt, langgestielt, obere sitzend und mit deutlichen, krautigen Scheiden. Blattstiele rinnig.

SV: Nasse Wiesen, Gräben, Ufer, Quellfluren, Riedgrasbestände, Bruch- und Auwälder; liebt nährstoffreiche, grundwasserfeuchte Böden; häufig, im Tiefland selten.

A: G; ♃; (☠)

Die Sumpf-Dotterblume hat Samen, die auf dem Wasser schwimmen und so verbreitet werden können. Die Blüten sondern reichlich Nektar ab.

Gelbes Windröschen

Anemóne ranunculoídes
Hahnenfußgewächse
Ranunculáceae

März – April
15 – 30 cm

SK: Aus einem Hochblattquirl entspringen eine oder zwei Blüten.

B: Meist zwei, seltener nur eine Blüte über dem Hochblattquirl. Stengel sonst blattlos. Am Wurzelstock gelegentlich dreiteilige Blätter.

SV: Auwälder, Schluchtwälder, feuchte Laubwälder, feuchte Gebüsche; liebt mullreichen, lockeren, grundwasserdurchzogenen, kalkreichen Lehmboden; selten; kommt an seinen Standorten oft in größeren Rudeln vor.

A: G; ♃; ☠
Enthält das Gift Protoanemonin und Saponine. Das wissenschaftliche Art-Epithet wurde wegen der Ähnlichkeit der Pflanze mit Hahnenfuß-Arten gegeben.

Acker-Hahnenfuß

Ranúnculus arvénsis
Hahnenfußgewächse
Ranunculáceae

Mai–Juli
30–60 cm

SK: Blüten nur 4–15 mm im Durchmesser, schwefelgelb. Früchte (meist auch an noch blühenden Pflanzen vorhanden) auffällig stachelig.
B: Vielblütig. Stengel aufrecht oder aufsteigend, reich verzweigt. Untere Blätter ungeteilt, keilförmig, gezähnt; obere in schmale Zipfel gespalten.
SV: Unkrautbestände vor allem auf Getreideäckern; liebt lehmige Böden; zerstreut.
A: G; ⊙; ☠
Enthält die Giftstoffe Protoanemonin und Anemonin. – Der Acker-Hahnenfuß ist – wie auch andere Ackerunkräuter – durch die Bekämpfung mit Herbiziden in den letzten Jahrzehnten stark zurückgegangen, ja örtlich aus der Flora verschwunden.

Kriechender Hahnenfuß

Ranúnculus répens
Hahnenfußgewächse
Ranunculáceae

Mai–August
15–50 cm

SK: Stengel mit oberirdischen, kriechenden Ausläufern, oft an den Blattansätzen wurzelnd. Grundblätter dreizählig. Abschnitte fiederteilig. Mittelabschnitt stets deutlich gestielt.

B: Blüten einzeln aus den Blattachseln. Blüten etwa 2–3 cm im Durchmesser, goldgelb, glänzend. Blätter drei- bis fünfzählig. Teilblättchen gelappt bis gekerbt. Obere Stengelblätter weniger aufgeteilt.

SV: Ufersäume, Gärten, nasse Äcker, Wegränder, nasse Wiesen, Auwälder; liebt feuchte Lehmböden; Stickstoffzeiger; häufig.

A: G; ♃; (☠)
Enthält etwas Protoanemonin und ist deshalb schwach giftig.

Knolliger Hahnenfuß

Ranúnculus bulbósus
Hahnenfußgewächse
Ranunculáceae

Mai–Juli
15–30 cm

SK: Kelchblätter zurückgeschlagen und mit den Außenseiten an den Blütenstiel gepreßt.

B: Blüten einzeln, endständig, Blütenstiele gefurcht. Stengel am Grunde (unmittelbar unter der Erdoberfläche) mit einer Knolle. Untere Blätter langgestielt, einfach oder doppelt dreizählig.

SV: Halbtrockenrasen, trockene Wiesen, Wegraine; liebt warme, kalkhaltige Böden; häufig.

A: G; ♃; ☠

Der deutsche Gattungsname „Hahnenfuß" bezieht sich auf die vogelfußartig geteilten Blätter, der wissenschaftliche auf die kleinen, gekrümmten Früchtchen (lateinisch *ranúnculus* = Fröschchen). – Die Pflanze enthält die Giftstoffe Protoanemonin und Anemonin.

Scharfer Hahnenfuß

Ranúnculus ácris
(R. ácer)
Hahnenfußgewächse
Ranunculáceae

Mai–Juli
30–100 cm

SK: Blüte goldgelb, Blütenstiel rund, nicht gefurcht. Grundblätter tief drei- bis fünfspaltig.

B: Blüten in lockeren Rispen. Kelchblätter gelblich, anliegend behaart. Untere Blätter langgestielt, handförmig fünf- bis siebenteilig, obere Blätter sitzend. Blattstiele werden nach oben immer kürzer. Teilblättchen gespalten.

SV: Wiesen, Wegränder; liebt etwas feuchte, stickstoffhaltige Lehmböden; sehr häufig.

A: G; ♃; ☠
Bei Beweidung bleibt der Scharfe Hahnenfuß stehen und bildet dann auffällige Inseln auf den sonst abgeweideten Wiesen. Wegen des scharf schmeckenden Giftes Protoanemonin wird die frische Pflanze von den Kühen nicht gefressen.

Goldschopf-Hahnenfuß

Gold-Hahnenfuß
Ranúnculus aurícomus
Hahnenfußgewächse
Ranunculáceae

März – Mai
15 – 50 cm

SK: Blütenblätter leicht abfallend. Grundblätter klein, wenig geteilt, mit nierenförmigem Umriß, nur zu 2 bis 6.

B: Meist wenigblütig. Blüten goldgelb, 1 – 2 cm im Durchmesser. Blütenstiele behaart, rund. Stengel aufrecht, verzweigt, wenig behaart. 5 – 7 sitzende, bis zum Grunde in lineale Zipfel geteilte Stengelblätter.

SV: Laub- und Mischwälder, Auwälder; liebt nährstoffreiche, feuchte Lehmböden; zerstreut.

A: G; ♃; (☠)
Enthält wahrscheinlich das Gift Protoanemonin. Die Samen werden bei dieser Art ungeschlechtlich aus einer diploid gebliebenen Zelle gebildet. Dies erklärt die Formenvielfalt der Art.

Wolliger Hahnenfuß

Ranúnculus lanuginósus
Hahnenfußgewächse
Ranunculáceae

Mai–Juni
30–100 cm

SK: Blüten dottergelb. Stengel und Blätter dicht abstehend behaart.

B: Vielblütig. Blüten 2,5–4 cm im Durchmesser. Blütenstiel rund. Stengel aufrecht, meist reich verzweigt, dicht gelblich behaart. Grundblätter gestielt, fünfspaltig. Stengelblätter wie die Grundblätter, aber kurz gestielt oder sitzend.

SV: Laub- und Mischwälder; liebt kalkhaltige, grundwasserfeuchte Lehmböden; selten.

A: G; ♃; (☠)

Enthält wahrscheinlich das Gift Protoanemonin. – Der Wollige Hahnenfuß steht – prächtig entwickelt – in buchen- und ahornreichen Schlucht- und Hangwäldern auf Kalkböden oft an ziemlich schattigen Stellen.

Brennender Hahnenfuß

Ranúnculus flámmula
Hahnenfußgewächse
Ranunculáceae

Juli–Oktober
15–50 cm

SK: Blüten 0,5–2 cm im Durchmesser, goldgelb, fettig glänzend. Blätter ungeteilt. Stengel dick.

B: Blüten meist zahlreich, langgestielt. Stengel niederliegend, aufsteigend oder aufrecht. Blätter ungeteilt, langgestielt, löffelförmig elliptisch oder lineal-lanzettlich, grasgrün.

SV: Gräben, Ufer, Moore, Riedgrasbestände, auch im Röhricht; liebt nasse, gelegentlich überschwemmte Böden; zerstreut.

A: G; ♃; ☠

Der Brennende Hahnenfuß enthält vermutlich Protoanemonin. Sein Name soll gegeben worden sein, weil das frische Kraut scharf schmeckt. Dies könnte durch Protoanemonin verursacht sein.

Gift-Hahnenfuß

Ranúnculus scelerátus
Hahnenfußgewächse
Ranunculáceae

Mai–November
10–110 cm

SK: Blüten 6–12 mm im Durchmesser, hellgelb, Blütenblätter nur etwa so lang wie der Kelch.

B: Lockere Rispe. Blütenboden walzlich. Kelchblätter gelblichgrün, bald abfallend. Stengel aufsteigend oder aufrecht, hohl, kahl oder ganz schwach behaart, reich verzweigt. Blätter fleischig, untere dreiteilig, verkehrt-eiförmig, eingeschnitten. Obere Blätter dreizählig. Teilblättchen lineal-keilförmig.

SV: Ufersäume langsam fließender Gewässer und Teiche, in Gräben und seichten Tümpeln; selten.

A: G; ⊙; ☠

Giftigste einheimische Hahnenfuß-Art. Enthält Protoanemonin und Anemonin. Preßsaft kann auf der Haut Entzündungen hervorrufen.

Sauerdorn

Berberitze
Bérberis vulgáris
Berberitzengewächse
Berberidáceae

Mai–Juni
1–2,5 m

SK: Keine Verwechslungsmöglichkeit.

B: Blüten in seitenständigen, vielblütigen Trauben. Beeren länglich, scharlachrot. Äste rutenförmig. Rinde hellgrau. Holz gelb, hart. Blätter an den Kurztrieben in Büscheln. Blätter der Langtriebe am Grunde mit dreiteiligen Dornen.

SV: Lichte Laubwälder, Mischwälder; liebt warme Kalkböden; selten.

A: G; ♄; (☠)

Die Staubblätter der Berberitze führen bei Berührung durch das bestäubende Insekt eine Klappbewegung aus. Zwischenwirt des Getreiderostes. Der Befall zeigt sich durch rote Flecken an den Blättern. Früchte und Samen gelten als giftfrei, Wurzel, Rinde und Blätter als giftig.

Scharfe Fetthenne

Mauerpfeffer
Sédum ácre
Dickblattgewächse
Crassuláceae

Juni–August
5–15 cm

SK: Pflanze schmeckt scharf (wenig kauen; nicht schlucken!). Blütenblätter 6–9 mm lang. Blätter ohne Sporn.

B: Wenigblütige Trugdolde. Stengel kriechend oder aufsteigend. Blätter fleischig, sitzend.

SV: Mauern, Bahnschotter, Felsspalten, Kieswege, lückige Rasen; liebt trockene, flachgründige, meist kalkhaltige, steinige Böden; zerstreut.

A: G; ♃; ☠

Der deutsche Name Mauerpfeffer bezieht sich auf den scharfen Geschmack der Pflanze und auf ihren Standort an Mauern. Der Mauerpfeffer enthält ein giftiges Alkaloid. Vorsicht beim Kauen! Längeres Kauen von mehreren Blättern kann Erbrechen auslösen! Alte Heilpflanze.

Echte Nelkenwurz

Benediktenkraut
Géum urbánum
Rosengewächse
Rosáceae

Juni – Oktober
25 – 50 cm

SK: Blüten goldgelb, in lockerer Rispe, Griffel an den Früchten hakig gekrümmt. Blätter unregelmäßig, einfach gefiedert. Endblättchen größer.

B: Stengel stark verästelt. Obere Blätter fast handförmig, sitzend.

SV: Laubwälder, Mischwälder, Waldränder, Waldwege, Schuttplätze, Wege, Gebüsche; liebt Boden, der gut durchfeuchtet oder stickstoffhaltig ist; häufig.

A: G; ♃; (☠)

Der Wurzelstock enthält das schwach giftige ätherische Öl Eugenol und Gerbstoffe. Alte Heilpflanze. Früher wurde der getrocknete Wurzelstock als Gewürznelkenersatz verwendet. Auch zum Gurgeln wurden Extrakte benutzt.

Frühlings-Fingerkraut

Potentílla vérna
(P. tabernaemontáni)
Rosengewächse
Rosáceae

März–Mai
5–15 cm

SK: Rispe, Blütenblätter ausgerandet, sich nicht überdeckend. Stengel z.T. kriechend. Blätter fünf- bis siebenzählig, handförmig geteilt, am Rand nicht seidig glänzend.

B: Stengel meist drei- bis fünfblütig. Blütenblätter eiförmig, hell- bis dunkelgelb. Blütenstiel 1–2 cm lang, nach der Blüte oft herabgebogen. Stengel oft rötlich überlaufen, niederliegend oder aufsteigend, meist behaart.

SV: Trockenrasen, Halbtrockenrasen, Wegraine, Mauern; liebt kalkhaltigen Boden; häufig.

A: G; ♃

Der Name Fingerkraut bezieht sich auf die handförmig geteilten Blätter. Innerhalb der Art kann man zahlreiche Rassen unterscheiden.

Kriechendes Fingerkraut

Fünf-Fingerkraut
Potentílla réptans
Rosengewächse
Rosáceae

Mai–August
30–60 cm

SK: Blüten einzeln in den Blattachseln, 1,5–2,5 cm im Durchmesser. 5 Blütenblätter. Blätter meist fünfzählig handförmig geteilt, z. T. aber nur dreizählig.

B: Stengel kriechend bis aufsteigend. Teilblättchen verkehrt-eiförmig, unterseits behaart.

SV: Feuchte Wiesen, Wegränder, Schuttplätze, auch auf Äckern und in Weinbergen; Stickstoffzeiger; liebt tiefgründige, etwas dichte Böden; seltener auf Sand oder Gesteinsschutt; häufig, fehlt jedoch im Tiefland gebietsweise.

A: G; ♃

Der Wurzelstock – er wurde zuweilen ähnlich wie der der Blutwurz verwendet – und die Blätter enthalten Gerbstoffe.

Gänse-Fingerkraut

Anserine
Potentílla anserína
Rosengewächse
Rosáceae

Mai–Juli
15–50 cm

SK: Blüten einzeln, langstielig, bis 2 cm im Durchmesser. Blätter gefiedert, unterseits langhaarig.

B: Blüten goldgelb. Stengel kriechend bis aufsteigend. Blätter vielpaarig gefiedert. Teilblättchen länglich, tief gesägt.

SV: Wege, Bahndämme, Schuttplätze, Ufer, unbebaute Böden; liebt dichte, lehmige Böden; Stickstoffzeiger; häufig.

A: G; ♃

Die Blätter und Stengel enthalten einen chemisch noch nicht erforschten Wirkstoff, dazu Flavone und Gerbstoffe, der Wurzelstock auch Tormentol, das im Wurzelstock der zur gleichen Gattung zählenden Blutwurz *(Potentílla erécta)* ebenfalls enthalten ist.

Kleiner Odermennig

Gemeiner Odermennig
Agrimónia eupatória
Rosengewächse
Rosáceae

Juni–August
30–130 cm

SK: Blüten in langen, reichblütigen Trauben.

B: Stengel aufrecht, rauhhaarig. Blätter unterbrochen-unpaarig gefiedert. Teilblättchen länglich-lanzettlich, gesägt, sitzend; das unpaarige Endblättchen gestielt.

SV: Halbtrockenrasen, Wegraine, trockene Gebüsche, Waldränder; liebt lockere Böden; wärmeliebend, zerstreut.

A: G; ♃

Das Epitheton „*eupatória*" verweist auf die griechische Sage. Nach ihr soll König Mithridates Eupator (132–63 v. Chr.) die Heilkräfte des Odermennigs als erster entdeckt haben. Der Odermennig enthält in allen Organen, besonders aber im Blatt, Gerbstoffe. Alte Heilpflanze.

Spitz-Ahorn

Ácer platanoídes
Ahorngewächse
Aceráceae

April – Mai
20 – 25 m

SK: Blätter fünflappig, Lappen langgrannig gezähnt. Blätter 8 – 20 cm lang.

B: Reichblütige, doldige Trauben. Blüten grüngelb, vor oder mit den Blättern erscheinend. Baumkrone breit bis ei-rundlich.

SV: Berg- und Schluchtwälder, Auwälder; liebt feuchte, lockere, ja sogar geröllige Böden; selten; recht häufig als Park- und Alleebaum angepflanzt.

A: G; ♄

Im Frühjahr führt der Spitz-Ahorn einen zuckerreichen Saft in seinen Gefäßen, der nach Verletzungen der Zweige herabtropft. Aus dem Saft des verwandten nordamerikanischen Echten Zucker-Ahorns kann man Zucker gewinnen.

Sichel-Hasenohr

Bupleurum falcátum
Doldengewächse
Apiáceae
(Umbellíferae)

Juni–August
20–100 cm

SK: Blüten in Dolden. Blätter ganzrandig, schmallanzettlich, nicht stengelumfassend.

B: Dolden zusammengesetzt. Stengel aufrecht oder aufsteigend. Obere Blätter sichelförmig gebogen.

SV: Trockenwälder, trockene Gebüsche, Halbtrockenrasen, Waldränder, Wegraine; liebt lokkeren, kalkhaltigen Boden; zerstreut.

A: G; ♃

Der deutsche Gattungsname wurde wegen der Blätter vergeben. Bei manchen Arten erinnern sie entfernt an die aufgestellten Ohren eines Hasen. Der wissenschaftliche Gattungsname bezieht sich ebenfalls auf die Blattform; allerdings bedeutet er „Rindsrippe“.

Gemeiner Pastinak

Pastináca satíva
Doldengewächse
Apiáceae
(Umbellíferae)

Juli – September
30 – 100 cm

SK: Blüten in Dolden, goldgelb, Dolden mit 5 – 15 Strahlen. Hülle und Hüllchen fehlend oder nur aus 1 – 2 Blättchen. Stengel gerillt, behaart.

B: Dolde zusammengesetzt. Stengel aufrecht, oben verästelt. Pflanze riecht nach Möhren (Blatt zerreiben!).

SV: Wiesen, Wege, Schuttplätze, Bahndämme; stickstoffliebend; häufig.

A: G; ⊙

Wegen der würzig schmeckenden Wurzel auch in Kulturrassen gezogen. Wurzelextrakte wurden als Schnapszusätze verwendet. Die Blätter eignen sich als Wildgemüse. Die Wurzel enthält reichlich Eiweiß, Stärke, Pektin und etwa 30 mg Vitamin C pro 100 g Frischgewicht.

Tüpfel-Hartheu

Johanniskraut
Hypéricum perforátum
Hartheugewächse
Hypericáceae

Juni – Oktober
30 – 60 cm

SK: Pflanze kahl. Stengel aufrecht, rundlich, mit zwei erhabenen Leisten.

B: Doldenrispe. Staubblätter gebüschelt. Blätter gegenständig, oval-länglich, durchsichtig punktiert (auf Öldrüsen).

SV: Laubwälder, Mischwälder, Nadelforste, vor allem an lichten Stellen, auf Kahlschlägen und an Waldrändern, magere Wiesen, Heiden, Halbtrockenrasen; auf verschiedenartigen Böden; sehr häufig.

A: G; ♃

Der Name Hartheu kommt angeblich von den harten Stengeln, die wenig brauchbares Heu ergeben. Der Name Johanniskraut verweist auf die Blütezeit der Pflanze (24. Juni = Johannistag).

Rauhes Hartheu

Behaartes Johanniskraut
Hypéricum hirsútum
Hartheugewächse
Hypericáceae

Juni–August
30–120 cm

SK: Pflanze behaart.

B: Lockere, pyramidenförmige Rispe. Staubblätter gebüschelt. Stengel rund. Blätter gegenständig, kurz gestielt, durchscheinend punktiert.

SV: Lichte, etwas feuchte Wälder, Kahlschläge, Waldränder; liebt lehmigen, etwas kalkhaltigen, wenigstens zeitweise feuchten Boden; häufig.

A: G; ♃

Das Rauhe Hartheu enthält wie das Tüpfel-Hartheu den roten Farbstoff Hypericin. Er ist verantwortlich für die „Lichtkrankheit", die bei Tieren auftritt, welche Hartheublüten gefressen haben. Nur wenn sie im Licht bleiben, kommt es zu schweren, ja tödlichen Vergiftungserscheinungen.

Schönes Hartheu

Schönes Johanniskraut
Hypéricum púlchrum
Hartheugewächse
Hypericáceae

Juli–September
15–30 cm

SK: Blüten goldgelb, Blütenblätter am Rand mit schwarz-roten Punkten. Pflanze kahl. Stengel aufrecht, rundlich.

B: Lockere Rispe, Staubblätter gebüschelt. Stengel aufrecht oder aufsteigend. Blätter gegenständig, sitzend, am Grunde herzförmig, durchscheinend punktiert.

SV: Laubwälder, Mischwälder, Nadelforste, meist auf Lichtungen oder an Waldrändern; liebt sauren Sand- oder Lehmboden; kalkscheu; zeigt Entkalkung der Bodenoberfläche an; zerstreut.

A: G; ♃

Enthält ebenfalls in den Blüten den roten Farbstoff Hypericin, der bei Tieren „Lichtkrankheit" hervorruft.

Gelbes Sonnenröschen

Gemeines Sonnenröschen
Heliánthemum nummulárium
Zistrosengewächse
Cistáceae

Juli – Oktober
15 – 30 cm

SK: Keine Verwechslungsmöglichkeit.

B: Wenigblütige, endständige Traube. Blüten zitronengelb. Staubblätter nicht gebüschelt. Kelchblätter oft rötlich gestreift. Stengel am Grunde holzig, niederliegend oder aufsteigend. Blätter gegenständig, oval, bewimpert.

SV: Trockenrasen, Halbtrockenrasen, seltener an Wegrainen; liebt flachgründige, oft steinige und kalkhaltige Böden; wärmeliebend, häufig.

A: G; ♃

Werden die Blüten von der Sonne beschienen, spreizen die Blütenblätter und die Staubblätter nach außen. Üblicherweise erfolgt Fremdbestäubung durch Insekten. Selbstbestäubung kommt in geschlossenen Blüten vor.

Pfennig-Gilbweiderich

Pfennigkraut
Lysimáchia nummulária
Primelgewächse
Primuláceae

Juni – Juli
5 – 30 cm

SK: Blütenblätter 1 – 1,5 cm lang. Stengel liegend oder aufsteigend. Blätter rund oder elliptisch.

B: Blüten einzeln oder zu zweien blattachselständig. Blütenblätter zitronengelb, innen oft rötlich gepunktet. Blätter gegenständig.

SV: Wiesen, auch Wälder, Gräben, Ufer, feuchte Äcker, Wegränder; liebt dichte, feuchte Lehmböden; stickstoffliebend; sehr häufig.

A: V; ♃

Der Name Pfennigkraut bezieht sich auf die Blattform. Die Pflanze enthält in den Blättern Saponine und Gerbstoffe. Alte Heilpflanze. Der Extrakt aus dem Kraut soll eine antibiotische Wirkung haben. Früher wurde er zur Wundbehandlung verwendet.

Gemeiner Gilbweiderich

Gemeiner Felberich
Lysimáchia vulgáris
Primelgewächse
Primuláceae

Juni – August
60 – 130 cm

SK: Blüten in endständiger, unten beblätterter Rispe. Blüten 1 – 1,5 cm lang.

B: Rispe wenig- bis reichblütig. Stengel aufrecht, schwach kantig. Blätter gegenständig oder zu 3 – 4 quirlständig, groß, eiförmig-länglich.

SV: Gräben, Ufer, Flachmoore, seltener Bruchwälder; liebt nasse, torfige Böden; zerstreut.

A: V; ♃

An dieser Art der Gattung wird deutlich, warum man sie „Gilbweiderich" nennt: Die Blätter erinnern im Zuschnitt an die mancher Weiden-Arten (z. B. der Silber-Weide oder der Bruch-Weide). Die Silbe „Gilb" verweist auf die Blütenfarbe und schafft den Kontrast zum Blutweiderich *(Lýthrum salicária),* der rötlich blüht.

Wald-Primel

Wald-Schlüsselblume
Prímula elátior
Primelgewächse
Primuláceae

März–Mai
15–30 cm

SK: Blüten schwefelgelb. Saum der Blütenkrone tellerartig flach.

B: Dolden langgestielt. Blätter rosettig, länglich-eiförmig, gekerbt, runzelig.

SV: Laubwälder, Mischwälder, Auwälder, Bergwälder, feuchte Wiesen; liebt lockeren, feuchten und lehmigen Boden; sehr häufig.

A: V; ♃; ▽

Der wissenschaftliche Gattungsname *Prímula* kommt aus dem Lateinischen (primus = der erste) und bezieht sich auf die frühe Blütezeit. Der deutsche Gattungsname Schlüsselblume verweist auf die Ähnlichkeit der Blütendolde mit dem Bart eines Schlüssels. Die Pflanze enthält Saponine. Alte Heilpflanze.

Wiesen-Primel

Wiesen-Schlüsselblume
Prímula véris (Prímula officinális)
Primelgewächse
Primuláceae

März – April
15 – 30 cm

SK: Blüte goldgelb, orangegelb gefleckt. Blütenkrone glockig.

B: Einseitswendige Dolde. Blätter rosettig, länglich-eiförmig, gekerbt, runzelig.

SV: Trockene Laub- und Mischwälder, seltener lichte Nadelforste, Gebüsche, Bergwiesen; liebt kalkhaltigen, lockeren Boden; häufig.

A: V; ♃; ▽

Der wissenschaftliche Gattungsname *Prímula* kommt aus dem Lateinischen (primus = der erste) und bezieht sich auf die frühe Blütezeit. Der deutsche Gattungsname Schlüsselblume verweist auf die Ähnlichkeit der Blütendolde mit dem Bart eines Schlüssels. Die Pflanze enthält Saponine. Alte Heilpflanze.

Trauben-Holunder

Roter Holunder, Berg-Holunder
Sambúcus racemósa
Holundergewächse
Sambucáceae

April – Mai
2 – 4 m

SK: Blüten in eiförmigen Rispen, stark duftend.

B: Rote, beerenartige Steinfrüchte. Mark der Äste gelbbraun. Blätter unpaarig gefiedert. Meist 5 Teilblättchen, fast sitzend, eiförmig, gesägt.

SV: Laubwälder, Mischwälder, seltener Nadelwälder, Kahlschläge, Lichtungen, Gebüsche; liebt steinige, oft kalkarme Lehmböden; häufig.

A: V; ♄; (☠)

Das Fruchtfleisch der Beeren enthält 25 – 65 mg Vitamin C pro 100 g Frischgewicht, außerdem Provitamin A. Die Beeren gelten als eßbar. Allerdings enthalten die Samen einen noch unerforschten Giftstoff. Deshalb müssen sie bei der Marmeladenherstellung entfernt werden. Alte Heilpflanze.

Gelber Enzian

Gentiána lútea
Enziangewächse
Gentianáceae

Juni–August
40–140 cm

SK: Keine Verwechslungsmöglichkeit.

B: Drei- bis zehnblütige Trugdolden in den Achseln schalenförmiger Tragblätter. Blüten tief fünf- bis sechsteilig. Stengel aufrecht. Blätter gegenständig (vgl. Germer, S. 426), elliptisch, bis 30 cm lang und bis 15 cm breit.

SV: Halbtrockenrasen, Bergwiesen, alpine Matten, lichte Bergwälder; liebt kalkhaltige, wenigstens zeitweise feuchte, lockere Böden; selten, kommt meist in Rudeln vor.

A: V; ♃; ▽

Die Pflanze enthält in allen Organen, besonders aber in der Wurzel, Bitterstoffe und Gerbstoffe. Die Wurzel wird vielfach zu Schnaps angesetzt („Enzian"). Alte Heilpflanze.

Großblütige Königskerze

Verbáscum densiflórum
(V. thapsifórme)
Braunwurzgewächse
Scrophulariáceae

Juli–September
80–200 cm

SK: Blüten etwa 3,5–4 cm im Durchmesser.

B: Dichte, drüsig behaarte Traube. Blüten wohlriechend. Blätter kleingekerbt, beiderseits gelbfilzig, herablaufend.

SV: Unkrautbestände an Wegrainen, auf Bahndämmen, auf Schuttplätzen, an Waldrändern und auf Kahlschlägen; liebt lockeren, flachgründigen, oft etwas steinigen, stickstoffhaltigen Boden; wärmeliebend; zerstreut; fällt an ihren Standorten meist schon von weitem auf.

A: V; ☉
Heilpflanze; enthält Schleimstoffe und in den Samen, in der Blüte und in den Blättern Saponine. Die frische Pflanze verströmt einen eher widerlichen Geruch.

Kleinblütige Königskerze

Kleinblütiges Wollkraut
Verbáscum thápsus
Braunwurzgewächse
Scrophulariáceae

Juli–September
30–150 cm

SK: Blüten 1,5–2 cm im Durchmesser.

B: Dichte, drüsig behaarte Traube. Blüten wohlriechend. Stengel aufrecht. Blätter kleingekerbt, beiderseits gelbfilzig, herablaufend.

SV: Unkrautbestände an Wegrainen, Bahndämmen, auf Schuttplätzen, an Waldrändern, auf Kahlschlägen; liebt lockeren, flachgründigen, oft etwas steinigen, stickstoffhaltigen Boden; wärmeliebend; zerstreut.

A: V; ⊙

Enthält Saponine und Schleimstoffe, wird aber heute als Heilmittel nicht mehr verwendet. In der Literatur wird gelegentlich angegeben, die Pflanze bzw. Extrakte aus ihr sollen für Fische giftig sein.

Schwarze Königskerze

Verbáscum nígrum
Braunwurzgewächse
Scrophulariáceae

Juni–September
30–100 cm

SK: Staubbeutel violett- oder rotzottig.

B: Traube. Blätter nicht herablaufend, gekerbt, oberseits fast kahl, unten dicht behaart.

SV: Schuttplätze, Wege, Raine, Bahndämme, Kahlschläge; liebt kalkarmen, sandigen Lehmboden; stickstoffliebend; zerstreut.

A: V; ⊙

Der Artname ist nicht ohne weiteres verständlich, weil an der Pflanze wohl am meisten die purpurvioletten Wollhaare, die die Staubfäden bedecken, auffallen. Was dagegen „schwarz" sein soll, will einem nicht einleuchten. Der Name soll gewählt worden sein, weil die Blätter bei der Schwarzen Königskerze besonders dunkelgrün erscheinen.

Europäische Trollblume

Goldknöpfchen, Kugelranunkel
Tróllius europāeus
Hahnenfußgewächse
Ranunculáceae

Mai – Juni
30 – 50 cm

SK: Blüte eine geschlossene, gelbe Kugel.

B: Blüte bis 3 cm im Durchmesser. 6 – 15 Blütenblätter. Stengel aufrecht, am Grunde verzweigt. Blätter handförmig, drei- bis fünfteilig.

SV: Feuchte Wiesen und Bergwiesen; liebt humusreichen Boden; selten; kommt an ihren Standorten meist in größeren Beständen vor.

A: G; ♃; (☠); ▽
Die Trollblume enthält Protoanemonin und ist deshalb schwach giftig. Die Herkunft des Gattungsnamens ist unklar. Möglicherweise hat er mit dem altnordischen „troll“ = „Berggeist“ zu tun, vielleicht auch mit „trolen“ = runder Körper. Auch an das lateinische „trulla“, die runde Weinschöpfkelle, könnte man denken.

Frühlings-Scharbockskraut

Feigwurz
Ranúnculus ficária (Ficária vérna)
Hahnenfußgewächse
Ranunculáceae

März–Mai
5–15 cm

SK: 8–12 Blütenblätter. Blätter rundlich-herzförmig, ungeteilt. Stengel niederliegend oder aufsteigend.

B: Blüten einzeln, langgestielt. Blätter herz-nierenförmig, gekerbt, die oberen handförmig eckig, glänzend. In den Blattachseln oft Brutknöllchen.

SV: Feuchte Laubwälder und Gebüsche, auch Wälder, Wiesen; liebt tiefgründigen, stickstoffhaltigen, feuchten Boden; häufig.

A: G; ♃; (☠)

Früher aß man die Blätter im Frühjahr als Salat mit Heilwirkung gegen Skorbut („Scharbock"!). Skorbut ist eine Vitamin-C-Mangelkrankheit. Die Blätter enthalten reichlich Vitamin C, allerdings nach der Blüte auch giftiges Protoanemonin.

Gemeiner Huflattich

Tussilágo fárfara
Korbblütengewächse
Asteráceae
(Compósitae)

März–April
10–30 cm

SK: Blüten in einem Körbchen. Pflanze zur Blütezeit ohne Blätter, nur mit Blattschuppen am Stengel. Spinnwebig behaart.

B: Körbchen einzeln. Blätter erscheinen gegen Ende der Blütezeit. Sie sind langstielig, rundlich-herzförmig, unterseits weißfilzig, gezähnt.

SV: Unkrautbestände auf unbewachsenem Boden, an Wegen, Dämmen, in Ruinen und Steinbrüchen und auf Schuttplätzen sehr häufig.

A: V; ♃

Die verblühten Stengel nicken deutlich. Heilpflanze. Enthält vor allem im Blatt Schleimstoffe und Gerbstoff. Getrocknete Huflattichblätter sind auch heute noch Bestandteile mancher käuflicher Bronchial- und Hustentees.

Gemeiner Beifuß

Echter Beifuß
Artemísia vulgáris
Korbblütengewächse
Asteráceae (Compósitae)

Juli – Oktober
90 – 150 cm

SK: Blüten in traubig-ährig angeordneten kleinen Körbchen (2–6 mm lang). Nur Röhrenblüten. Fruchtknoten ohne Haarkrone. Blätter fiederteilig, oberseits grün, unterseits weißfilzig, aromatisch riechend.

B: Körbchen aufrecht, außen filzig. Blüten braungelb. Stengel ästig, oft rötlich überlaufen.

SV: Unkrautbestände an Wegen, Bahndämmen, auf Schuttplätzen, auch an Waldrändern und in Gebüschen; auf unterschiedlichen Böden; stickstoffliebend; sehr häufig.

A: V; ♃; (☠)

Der Gemeine Beifuß enthält einen Bitterstoff sowie ätherisches Öl mit nur geringer Beimischung von giftigem Thujon.

Kanadische Goldrute

Solidágo canadénsis
Korbblütengewächse
Asteráceae
(Compósitae)

August – Oktober
50 – 250 cm

SK: Hunderte von kleinen Körbchen in etwas einseitiger, ausladender Rispe.

B: Körbchen um 5 mm lang. Zungenblüten kaum länger als die Röhrenblüten. Stengel aufrecht, im Blütenstand verzweigt. Blätter lanzettlich.

SV: Ufer, Waldränder, Lichtungen, Ödland. Oft auf Lehmboden. Meist in kleineren oder größeren, dichten Beständen. Zerstreut.

A: V; ♃

Die Kanadische Goldrute kam ursprünglich als Zierpflanze nach Mitteleuropa. Seit Mitte des letzten Jahrhunderts ist sie aus der Kultur ausgebrochen und verwildert. Ihre Ausbreitung dauert noch heute vor allem entlang der Bahnlinien und in Tälern an.

Echte Goldrute

Gemeine Goldrute
Solidágo virgaūrea
Korbblütengewächse
Asteráceae (Compósitae)

Juli–September
60–100 cm

SK: Zahlreiche kleine Körbchen (7–8 mm lang) in einer Traube oder Rispe. Außen 5–12 Zungenblüten, innen Röhrenblüten.

B: Blüten goldgelb, Stengel aufrecht. Äste rutenförmig. Untere Blätter elliptisch, gesägt, mittlere eiförmig-lanzettlich, etwas herablaufend.

SV: Laubwälder, Mischwälder, Nadelwälder, Bergwälder, vor allem auf Kahlschlägen, Lichtungen und an Waldrändern; liebt lockeren, tiefgründigen, kalkhaltigen Boden; häufig.

A: V; ♃

Alte Heilpflanze. Enthält Flavonoide, Saponine, Gerbstoffe und ätherisches Öl. Getrocknete Blätter sind noch heute Bestandteile mancher Tees.

Strahlenlose Kamille

Matricária discoídea (M. matricarioídes; M. suavéolens)
Korbblütengewächse
Asteráceae (Compósitae)

Juni–August
15–40 cm

SK: Blüten in halbkugeligen, grünlichgelben Körbchen. Meist nur Röhrenblüten, selten verkümmerte weiße Zungenblüten. Blätter fein doppelt fiederteilig. Pflanze riecht aromatisch.

B: Stengel aufrecht, ästig, kahl, reich beblättert.

SV: Unkrautbestände an Wegen, Mauern, Bahndämmen, auf Sportplätzen und in Getreideäkkern; liebt lehmige, stickstoffhaltige Böden, sehr häufig.

A: V; ⊙

Enthält ätherische Öle (Geruch), denen aber Chamazulen fehlt; ihm kommt die Heilwirkung bei der Echten Kamille zu. Die Strahlenlose Kamille ist also kein vollwertiger Ersatz für diese Droge.

Gemeiner Rainfarn

Wurmkraut
Tanacétum vulgáre
Korbblütengewächse
Asteráceae (Compósitae)

Juli – September
60 – 130 cm

SK: Blüten in trugdoldig angeordneten, kleinen Körbchen. Alle Blüten röhrenförmig. Fruchtknoten ohne Haarkrone. Blätter doppelt fiederteilig.

B: Körbchen halbkugelig. Randblüten gelegentlich mit ganz kurzer Zunge. Stengel kantig, kahl. Teilblättchen gesägt.

SV: Unkrautbestände an Wegen, Bahndämmen und auf Schuttplätzen; auch an Waldrändern, in Gebüschen und auf Kahlschlägen; liebt nährstoffreiche Lehmböden; häufig.

A: V; ♃; ☠

Der deutsche Gattungsname bezieht sich auf die farnähnlichen Blätter und den Standort. – Der Gemeine Rainfarn enthält ätherische Öle und Bitterstoffe. Heilpflanze.

Gemeines Kreuzkraut

Gemeines Greiskraut
Senécio vulgáris
Korbblütengewächse
Asteráceae (Compósitae)

Januar – Dezember
15 – 50 cm

SK: Blüten in rispig angeordneten Körbchen. Nur Röhrenblüten. Blätter fiederteilig, meist spinnwebig behaart.

B: Hüllblätter schwarzfleckig.

SV: Äcker, Gärten, Schuttplätze und Kompostlagerstätten; auf unterschiedlichen Böden; stickstoffliebend; sehr häufig.

A: V; ⊙; ☠

Das Gemeine Kreuzkraut enthält – wie auch andere Arten der Gattung – giftige Pyrrolizidin-Alkaloide. Diese schädigen die Leber, und manche von ihnen erzeugen Krebs. Obschon das Gemeine Kreuzkraut – verglichen mit afrikanischen Kreuzkraut-Arten – als nicht sehr giftig gilt, sollte man sie nicht als Heilpflanze sammeln.

Raukenblättriges Kreuzkraut

Raukenblättriges Greiskraut
Senécio erucifólius
Korbblütengewächse
Asteráceae (Compósitae)

Juli – Oktober
30 – 100 cm

SK: Blüten in trugdoldig angeordneten Körbchen. Außen Zungenblüten, innen Röhrenblüten. Fruchtknoten mit einer Haarkrone. Blätter fiederteilig, unterseits spinnwebig behaart. Wurzelstock kriechend.

B: Stengel meist rotbraun überlaufen, kantig.

SV: Halbtrockenrasen, Wegraine, Waldränder, Gebüsche; liebt kalkhaltige, oft etwas steinige, lehmige Böden; stickstoffliebend; häufig.

A: V; ⊙–♃

Der Name Greiskraut und der Gattungsname *Senécio* (lateinisch senex = Greis) beziehen sich auf die bald nach der Blüte erscheinenden, bei manchen Arten seidig feinen und immer weißen Haare der Früchte.

Fuchs' Kreuzkraut

Senécio fúchsii
Korbblütengewächse
Asteráceae
(Compósitae)

Juni – August
50 – 150 cm

SK: An den einzelnen Körbchen meist nur 5, seltener bis 7 Zungenblüten. Blätter eilanzettlich, spitz gesägt, höchstens kurzstielig.

B: Blüten in doldenähnlich angeordneten Körbchen. Körbchen außen mit Zungen-, innen mit Röhrenblüten. Fruchtknoten und Frucht mit Haarkranz. Stengel im oberen Drittel oft verzweigt. Blätter wechselständig.

SV: Wälder, Gebüsche, Lichtungen, Schläge. Bevorzugt feuchten, nährstoff- und humusreichen Boden. Zerstreut; im nördlichen Mitteleuropa seltener.

A: V; ♃; (☠)
Der Name wurde zu Ehren des Tübinger Botanikers Leonhard Fuchs (1501 – 1565) gegeben.

Berg-Wohlverleih

Arnika
Árnica montána
Korbblütengewächse
Asteráceae (Compósitae)

Juni–August
30–60 cm

SK: Blüten in einem Körbchen. Außen Zungenblüten, innen Röhrenblüten. Fruchtknoten mit einer Haarkrone. Die meisten Blätter rosettig.

B: Zungenblüten dotter- bis orangegelb. Stengel meist unverzweigt, flaumig behaart. Grundblätter rosettig, verkehrt-eiförmig, fast ganzrandig, derb, behaart, 1–2 Paare gegenständiger Stengelblätter. Pflanze duftet aromatisch.

SV: Weiden, magere Wiesen; liebt sand- und humushaltige, saure Lehmböden; auch auf torfigen Böden; selten; tritt an ihren Standorten meist in Rudeln auf.

A: V; ♃

Heilpflanze. Enthält ätherische Öle und Bitterstoffe.

Kohl-Kratzdistel

Kohl-Distel
Círsium oleráceum
Korbblütengewächse
Asteráceae (Compósitae)

Juli–September
50–150 cm

SK: Keine Verwechslungsmöglichkeit.

B: Körbchen endständig, von bleichen, weichstacheligen Hochblättern umgeben. Nur gelblichweiße Röhrenblüten. Blätter nicht herablaufend, kahl, etwas dornig, obere oft ungeteilt, stengelumfassend; untere fiederspaltig.

SV: Nasse Wiesen, Flachmoore, Gräben, Bachufer, Auwälder; liebt nährstoffreichen, grundwasserfeuchten Lehmboden; in Wiesen Nässezeiger; sehr häufig.

A: V; ♃

Die Kohl-Kratzdistel ist anders, als man es aus dem Namen deuten könnte, keine wertvolle Futterpflanze; sie ist wäßrig, wird aber vom Vieh gern gefressen.

Gemeine Kuhblume

Gemeiner Löwenzahn
Taráxacum officinále
Korbblütengewächse
Asteráceae (Compósitae)

April–Juni
10–60 cm

SK: Blüten in einem großen, einzelnen Körbchen. Nur Zungenblüten. Fruchtknoten mit Haarkrone. Stengel blattlos, weitröhrig, mit weißem Milchsaft, der auf der Haut braune Flecken gibt.

B: Blätter grundständig, rosettig, schrotsägeförmig.

SV: Wiesen, Wegraine, Äcker, Gärten, Wegränder, Schuttplätze, lichte Wälder, fehlt kaum einem Standort; stickstoffliebend, sehr häufig.

A: V; ♃; (☠)
Die Art ist vielgestaltig. Heilpflanze; enthält einen Bitterstoff, der schwach giftig sein soll. So wird über Vergiftungen berichtet, die nach Aussaugen des Milchsaftes aus Blütenschäften entstanden sein sollen.

Gemeiner Rainkohl

Lapsána commúnis
Korbblütengewächse
Asteráceae
(Compósitae)

Juni–September
10–120 cm

SK: Blüten in kleinen, rispig angeordneten Körbchen. Nur Zungenblüten. Fruchtknoten ohne Haarkrone. Stengel beblättert.

B: Körbchen mit 8–12 blaßgelben Blüten. Stengel reichästig. Untere Blätter leierförmig, mit sehr großem Endzipfel, obere Blätter lanzettlich. Pflanze enthält Milchsaft.

SV: Unkrautbestände auf Hackfruchtäckern, in Gärten, auf Schuttplätzen, in Gebüschen, an Waldrändern, auf Lichtungen und in lichten Wäldern; liebt etwas feuchten, nährstoffreichen, stickstoffhaltigen Boden; häufig.

A: V; ⊙

Die Blüten öffnen sich zwischen 6 und 7 Uhr und schließen sich zwischen 15 und 16 Uhr.

Stachel-Lattich

Lactúca serríola (Lactúca scaríola)
Korbblütengewächse
Asteráceae
(Compósitae)

Juli–Oktober
60–130 cm

SK: Blüten in Körbchen, diese rispig angeordnet. Nur Zungenblüten. Fruchtknoten mit Haarkrone. Blätter am Stengel senkrecht gestellt.

B: Stengel meist weißlichgrün. Blätter länglich, buchtig-fiederspaltig, am Grunde pfeilförmig, scharf gezähnt. Pflanze führt Milchsaft.

SV: Unkrautbestände an Wegen, Bahndämmen und auf Schuttplätzen; liebt stickstoffhaltigen, oft etwas steinigen Boden; häufig.

A: V; ⊙; ⊙; (☠)
Die Ränder der Blätter sind etwa in Nord-Süd-Richtung einreguliert. Dadurch wird eine zu starke Bestrahlung und vor allem eine Erhitzung der Blätter durch die Mittagssonne vermieden (Kompaß-Pflanze).

Rauhe Gänsedistel

Sónchus ásper
Korbblütengewächse
Asteráceae
(Compósitae)

Juni–Oktober
30–100 cm

SK: Blüten in Körbchen. Nur Zungenblüten. Fruchtknoten mit Haarkrone. Stengel ästig. Blätter stachelig gezähnt, oft ungeteilt, am Grunde pfeilförmig. Öhrchen angedrückt.

B: Körbchen in Doldentrauben. Zungenblüten tief gelb. Stengel aufrecht, hohl. Blätter derb, dunkelgrün, meist glänzend. Blattzähne ausgesprochen stachelspitz. Pflanze enthält Milchsaft.

SV: Unkrautbestände auf Hackfruchtäckern, in Gärten, an Gebüschen und auf Schuttplätzen; auch an Wegen; liebt nährstoffreichen, stickstoffhaltigen Boden; sehr häufig.

A: V; ⊙; (☠)
Enthält möglicherweise im Milchsaft in geringer Menge einen giftigen Bitterstoff.

Acker-Gänsedistel

Feld-Saudistel
Sónchus arvénsis
Korbblütengewächse
Asteráceae (Compósitae)

Juli – Oktober
50 – 150 cm

SK: Blüten in doppelrispig angeordneten Körbchen. Nur Zungenblüten. Fruchtknoten mit einer Haarkrone. Blätter stachelig gezähnt.

B: Hüllblätter und Blütenstiele drüsenhaarig. Blätter schrotsägeförmig-fiederspaltig. Stengelblätter ungeteilt. Pflanze enthält Milchsaft.

SV: Unkrautbestände auf Hackfruchtäckern, in Gärten, auf Schuttplätzen und an Wegen; liebt stickstoffhaltigen Boden; häufig.

A: V; ♃; (☠)

Die Körbchen öffnen sich nur bei sonnigem Wetter, und zwar morgens zwischen 7 und 8 Uhr. Zwischen 10 und 14 Uhr schließen sie sich wieder. – Die Pflanze enthält möglicherweise einen giftigen Bitterstoff.

Wiesen-Bocksbart

Tragopógon praténsis
Korbblütengewächse
Asteráceae
(Compósitae)

Mai–Juli
30–60 cm

SK: Körbchen 4–6 cm im Durchmesser. Nur Zungenblüten. Fruchtknoten mit Haarkrone. Nur eine Reihe 3–7 cm langer Hüllblätter.

B: Stengel oben angeschwollen. Blätter ungestielt, schmal-lineal, stengelumfassend.

SV: Wiesen; liebt nährstoffreiche Lehmböden; sehr häufig.

A: V; ⊙–♃; (☠)

Der Name Bocksbart (griechisch tragos = Bock, pogon = Bart) bezieht sich auf die aus den Hüllblättern als Bart herausragenden Haare der Fruchtknoten. Die Körbchen öffnen sich gegen 8 Uhr und schließen sich gegen 11 bzw. 14 Uhr. In der Schließzeit unterscheiden sich die bei uns vorkommenden Kleinarten.

Wiesen-Pippau

Wiesen-Feste
Crépis biénnis
Korbblütengewächse
Asteráceae (Compósitae)

Mai – September
60 – 120 cm

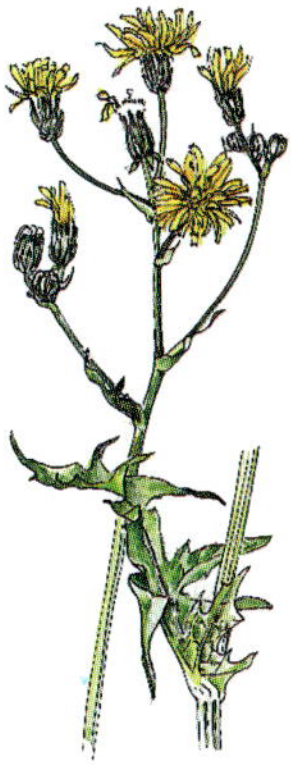

SK: Blütenkörbchen doldenrispig angeordnet. Körbchen 3 – 4,5 cm im Durchmesser. Nur Zungenblüten. Fruchtknoten mit Haarkrone, Haare weiß, biegsam (Fingerdruck). Untere Blätter fiederteilig, oberste ungeteilt.

B: Stengel beblättert, unten oft rot.

SV: Wiesen; auf lehmigem Boden; sehr häufig.

A: V; ⊙

Die Früchte des Wiesen-Pippau werden gelegentlich als Kanarienvogelfutter verwendet. Ehe der Mensch großflächig Wälder schlug und die freigewordenen Flächen als Grünland nutzte, gab es den Wiesen-Pippau in Mitteleuropa wohl noch nicht. Er dürfte aus den Wiesensteppen Süd-Osteuropas zu uns eingewandert sein.

Kleines Habichtskraut

Langhaariges Habichtskraut
Hierácium pilosélla
Korbblütengewächse
Asteráceae (Compósitae)

Mai – Oktober
8 – 30 cm

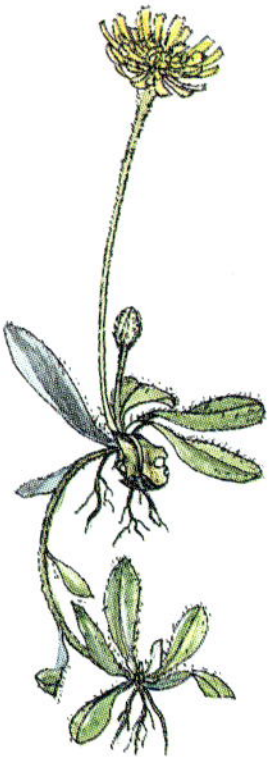

SK: Blüten in einzelnen Körbchen. Nur Zungenblüten. Fruchtknoten mit Haarkrone. Haare grauweiß, zerbrechlich (Fingerdruck). Hüllblätter des Körbchens auch an der Basis nur 1 – 2 mm breit. Stengel blattlos. Blätter langhaarig, unterseits grauweißfilzig. Pflanze mit Ausläufern.

B: Blüten unterseits oft rötlich. Blätter verkehrt-eiförmig, etwas blaugrün.

SV: Halbtrockenrasen, Trockenrasen, Heiden, Wegraine, auch in lichten Wäldern und in Felsspalten; meidet stark beschattete Standorte; auf unterschiedlichen Böden; sehr häufig.

A: V; ♃

Formenreiche Art, die sich von mehreren ähnlichen Arten nur sehr schwer unterscheiden läßt.

Wald-Habichtskraut

Mauer-Habichtskraut
Hierácium sylváticum
Korbblütengewächse
Asteráceae (Compósitae)

Mai–Oktober
30–60 cm

SK: Blüten in rispig angeordneten Körbchen. Nur Zungenblüten. Fruchtknoten mit Haarkrone. Haare grauweiß, zerbrechlich (Fingerdruck). Stengel meist mit ein bis zwei Blättern.

B: Blätter rauhhaarig, gezähnt, rosettig.

SV: Laubwälder, Mischwälder, Nadelwälder, Bergwälder, Trockenwälder, auch an Wegen und Mauern; liebt etwas steinigen, humusreichen Boden, sehr häufig.

A: V; ♃

Formenreiche Art, die sich von mehreren ähnlichen Arten nur schwer unterscheiden läßt. Hinzu kommt, daß Individuen der Art anscheinend mit Exemplaren nahe verwandter Arten Bastarde bilden.

Wald-Goldstern

Gemeiner Goldstern, Gelbstern
Gágea lútea (Gágea silvática)
Liliengewächse
Liliáceae

März–Mai
15–30 cm

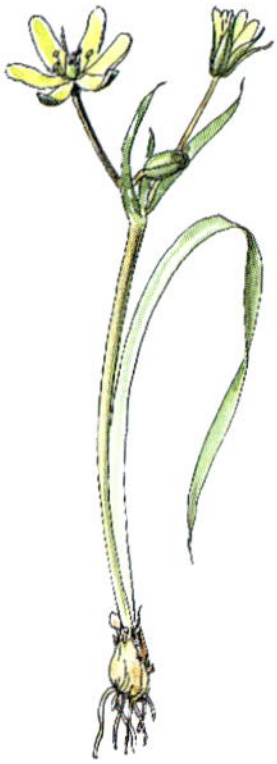

SK: Nur 1 grundständiges, 7–8 mm breites, flaches oder schwach gekieltes Blatt.

B: Scheindolde aus 1–10 Blüten, die zwischen schmalen Hochblättern entspringt. Blüten gelb, außen grünlich-streifig. Nur eine Zwiebel.

SV: Auwälder und feuchte Laubmischwälder; liebt lockeren, kalkhaltigen und grundwasserdurchzogenen, humusreichen Lehmboden; zerstreut.

A: M; ♃

Bemerkenswerterweise kommt der Wald-Goldstern sowohl in Hangwäldern der Mittelgebirge vor als auch in Auenwäldern, deren Böden erst durch Anschwemmung entstanden sind. Doch meidet er hier Stellen, an denen sich das Grundwasser staut.

Wasser-Schwertlilie

Sumpf-Schwertlilie
Íris pseudácorus
Schwertliliengewächse
Iridáceae

Mai–Juli
60–100 cm

SK: Äußere Blütenblätter ohne Haarkamm, innere kleiner, aufrecht. Griffeläste, blütenblattartig. Blätter bis 3 cm breit, so lang wie der Stengel.

B: Äußere Blütenblätter innen dunkel gefleckt. Innere Blütenblätter kleiner.

SV: Röhricht stehender und fließender Gewässer, Riedgrasbestände; liebt wenigstens gelegentliche Überschwemmung des Bodens; zerstreut.

A: M; ♃; ☠; ▽

Enthält scharf schmeckende Giftstoffe, die ihre Giftigkeit auch durch Trocknen des Krautes nicht verlieren. Vieh, das Schwertlilienblätter gefressen hat, bekommt heftige, blutige Durchfälle. Aus früheren Zeiten wurden auch schwere Vergiftungen von Menschen beschrieben.

Aufrechte Osterluzei

Gemeine Osterluzei
Aristolóchia clematítis
Osterluzeigewächse
Aristolochiáceae

Mai–Juni
30–100 cm

SK: Keine Verwechslung möglich.

B: Blüten in den Blattachseln, langröhrig, am Grunde kugelig. Stengel aufrecht oder leicht gewunden. Blätter herz-eiförmig, langgestielt.

SV: Unkrautbestände in Weinbergen, an Mauern und Wegrändern, in Gebüschen und in Auwäldern; wärme- und etwas kalkliebend; selten.

A: V; ♃; ☠

Die Blüte ist eine Fliegenkesselfalle. Landende Fliegen rutschen ab und fallen in den Kessel, in dem sie durch Haare am Herauskriechen gehindert werden. Haben sie Osterluzeipollen mitgebracht, bestäuben sie die Narben am Kesselgrund. Danach werden sie freigelassen. – Giftig durch Aristolochiasäure.

Wolfs-Eisenhut

Aconítum vulpária
(A. lycóctonum)
Hahnenfußgewächse
Ranunculáceae

Juni–August
50–150 cm

SK: Keine Verwechslungsmöglichkeit.

B: Blüten in einfacher oder verästelter Traube, blaßgelb, Stengel aufrecht. Blätter handförmig geteilt.

SV: Schluchtwälder, Auwälder, feuchte Laubwälder; liebt feuchte und humushaltige Böden; selten.

A: G; ♃; ☠; ▽
Die Pflanze ist wegen des hohen Gehalts an Alkaloiden, besonders im Wurzelstock, stark giftig. Schon im Altertum wurde sie in Süd- und Mitteleuropa, auch in Indien, zur Herstellung von Pfeilgift benutzt. Außerdem benützte man Extrakte zum Vergiften von Ködern für Raubwild, besonders für Füchse und Wölfe (Name).

Gemeiner Besenginster

Cýtisus scopárius
(Sarothámnus scopárius)
Schmetterlingsblütengewächse
Fabáceae (Leguminósae)

Mai – Juni
60 – 200 cm

SK: Blüten einzeln oder zu zweien. Blätter dreizählig gefingert, oberste ungeteilt.

B: Blüten 2 – 2,5 cm lang, blattachselständig, goldgelb. Stengel aufrecht, wie die Äste kantig-gefurcht. Blätter weichhaarig.

SV: Wegraine, Lichtungen, Kahlschläge, Waldränder, Bergwiesen; kalkscheu; häufig; oftmals angepflanzt; reichert den Boden mit Stickstoff an.

A: G; ♄; ☠
Wird vor allem in Wäldern auf armen Sandböden angepflanzt, um den Boden mit Stickstoff anzureichern; in den Wurzeln leben Knöllchenbakterien, die den Stickstoff der Luft binden. – Äste zur Herstellung von Besen verwendet. Enthält Alkaloide; Heilpflanze.

Pfeil-Kleinginster

Pfeil-Ginster
Chamaespártium sagittále
Schmetterlingsblütengewächse
Fabáceae (Leguminósae)

Mai – Juni
15 – 25 cm

SK: Stengel geflügelt, spärlich beblättert. Nur wenige Blätter vorhanden; diese unscheinbar, eiförmig-lanzettlich, behaart.

B: Blüten in endständigen, dichten Trauben. Stengel aufsteigend bis aufrecht. Blätter wechselständig, sitzend, länglich, spitz.

SV: Halbtrockenrasen, schüttere Wiesen, Wegränder, lichte, trockene Waldstellen, Heiden; gelegentlich auch an Felsen; etwas kalkscheu; zeigt in Halbtrockenrasen Oberflächenentkalkung und damit Versauerung an; häufig.

A: G; ♃ – ♄

Die Stengelflügel passen sich an Trockenheit und starke Sonneneinstrahlung an. Sie sind Assimilationsorgane, die wenig Wasser verdunsten.

Färber-Ginster

Genísta tinctória
Schmetterlingsblütengewächse
Fabáceae
(Leguminósae)

Mai–Juli
30–60 cm

SK: Blüten in endständigen Trauben, kahl. Schiffchen so lang wie die Fahne. Stengel und Äste dornenlos.

B: Stengel niederliegend oder aufsteigend, oben stärker verzweigt. Zweige gefurcht, ungeflügelt. Blätter länglich oder elliptisch, fast sitzend.

SV: Raine, trockene Rasen, Heiden, lichte Wälder; liebt lehmigen und nicht zu trockenen Boden; nicht kalkempfindlich; zerstreut.

A: G; ♄; ☠

Zweige, Blätter und Blüten enthalten gelbe Farbstoffe, und zwar Genistein und Luteolin, die früher zum Färben von Wolle und Leinen benutzt wurden. Alle Organe enthalten außerdem giftige Alkaloide.

Deutscher Ginster

Genísta germánica
Schmetterlingsblütengewächse
Fabáceae
(Leguminósae)

Mai–Juni
30–60 cm

SK: Schiffchen länger als die Fahne. Stengel unten mit dornigen Ästen. Blätter einfach, rauhhaarig.

B: Blüten in endständiger Traube. Stengel aufsteigend oder aufrecht, oben verästelt. Blätter elliptisch-länglich, 1–2 cm lang. Die beblätterten Äste sind oben dornenlos.

SV: Heiden, lichte, trockene Wälder, Wegraine; kalkscheu; wärmeliebend; zerstreut.

A: G; ♄; ☠

Die Samen enthalten Alkaloide und sind giftig. Von den einheimischen Ginster-Arten ist der Deutsche Ginster derjenige, der am ehesten auf trockenen Standorten durchkommt; er gedeiht auch noch auf Böden, die mäßig kalkhaltig und damit schwach sauer sind.

Geißklee

Bohnenstrauch
Lembotrópis nígricans
Schmetterlingsblütengewächse
Fabáceae (Leguminósae)

Juni–Juli
50–150 cm

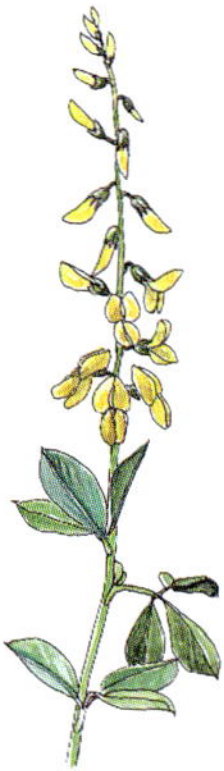

SK: Blütentrauben aufrecht. Blätter dreizählig.

B: 20–100 je 1 cm lange Blüten in 10–30 cm langen Trauben, goldgelb, wohlriechend. Sprosse beim Trocknen schwarz werdend. Teilblättchen bis 2 cm lang und 1 cm breit.

SV: Wegraine, Gebüsche, Waldränder, lichte Trockenwälder; liebt steinigen oder sandigen, flachgründigen Boden; wärmeliebend; selten.

A: G; ♄

Die Fächer der 5 größeren Staubblätter öffnen sich in der Knospe und entleeren ihren Pollen in das Schiffchen. Die kürzeren Staubblätter schieben ihn in die Schiffchenspitze, von wo er herausgepreßt wird, sobald diese durch ein Insekt niedergedrückt wird.

Süßholz-Tragant

Süße Bärenschote
Astrágalus glycyphýllos
Schmetterlingsblütengewächse
Fabáceae (Leguminósae)

Mai–August
60–130 cm

SK: Blüten in Trauben. Stengel kriechend. Blätter unpaarig gefiedert, mit 8–15 Teilblättchen.

B: Blüte hellgelb bis elfenbeinfarbig. Stengel nur wenig behaart.

SV: Lichte, trockene Laub- und Mischwälder, Lichtungen, Waldwege, trockene Gebüsche; liebt kalkhaltigen Lehmboden; zerstreut.

A: G; ♃

Der Süßholz-Tragant enthält in der Wurzel und in den Blättern Zucker und andere süßschmekkende Verbindungen, vor allem Glyzyrrhizin. Dieser Stoff kommt auch im echten Süßholz vor. Außer der Süße zeigt Glyzyrrhizin Eigenschaften, wie sie sonst Saponinen zukommen. Alte Heilpflanze, die heute nicht mehr verwendet wird.

Echter Steinklee

Melilótus officinális
Schmetterlingsblütengewächse
Fabáceae
(Legumินósae)

Juni – September
30 – 120 cm

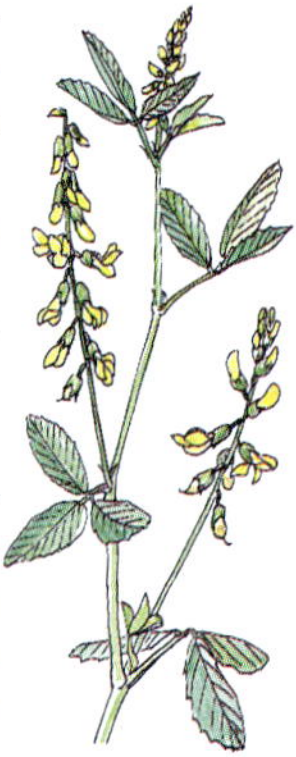

SK: Blüten in langen, schmalen, aufrechten, blattachselständigen Trauben, Blätter dreizählig gefingert. Getrocknete Pflanze duftet nach Waldmeister.

B: Stengel aufsteigend bis aufrecht. Teilblättchen verkehrt-eiförmig, gezähnt.

SV: Wegraine, Bahnschotter; Stickstoffzeiger; häufig.

A: G; ⊙

Der Waldmeisterduft wird durch Cumarin hervorgerufen, das beim Trocknen frei wird. Heilpflanze, die außer Cumaringlycosiden auch noch Flavonoide, Gerbstoffe und Schleimstoffe enthält. Bei zu hoher Dosierung der Droge kann es zu Kopfschmerzen und Unwohlsein kommen.

Gold-Klee

Trifólium āureum
(Trifólium strépens)
Schmetterlingsblütengewächse
Fabáceae (Leguminósae)

Juni–Juli
10–50 cm

SK: 20–50 Blüten in einem 7–10 mm breiten Köpfchen. Blütenblätter nach dem Verblühen bleibend; hellbraun. Die drei Teilblättchen mit gleich langen Stielen.

B: Stengel aufrecht, kahl. Teilblättchen länglich-lanzettlich.

SV: Halbtrockenrasen, Heiden, Wegraine; zeigt Oberflächenversauerung an; selten.

A: G; ⊙; ⊙

Der Gold-Klee gehört zu den Arten der Gattung, die als Pionierpflanzen offene Stellen in mageren Rasen, Erdanrisse oder Böschungen besiedeln. Gleichermaßen gedeiht er aber auch in den Pflanzengesellschaften der Waldsäume auf kalkarmen und humusarmen Lehmböden.

Feld-Klee

Gelber Acker-Klee
Trifólium campéstre
Schmetterlingsblütengewächse
Fabáceae (Leguminósae)

Juni – September
5 – 30 cm

SK: 20 – 50 Blüten in einem 7 – 10 mm breiten Köpfchen. Blütenblätter nach dem Verblühen bleibend; hellbraun. Blätter dreizählig gefingert. Mittleres Teilblättchen deutlich länger gestielt als die seitlichen.

B: Stengel niederliegend, aufsteigend oder aufrecht, behaart. Teilblättchen verkehrt-eiförmig.

SV: Halbtrockenrasen, trockene Wiesen, Bahndämme, Wegraine; liebt lockere, nährstoffarme und kalkhaltige Böden; zerstreut.

A: G; ⊙

Die vertrocknete, an der Frucht bleibende Blüte ermöglicht das Verwehen durch den Wind. Auf mageren, meist etwas kalkarmen Weiden ist der Feld-Klee für Schafe ein gutes Futter.

Hopfen-Luzerne

Hopfen-Schneckenklee
Medicágo lupulína
Schmetterlingsblütengewächse
Fabáceae (Leguminósae)

Mai–Oktober
10–40 cm

SK: Blüten 2–5 mm lang, in kugelig-eiförmigen, zehn- bis fünfzigblütigen Köpfchen. Blütenblätter nach dem Verblühen abfallend. Blätter dreizählig gefingert.

B: Stengel aufrecht oder niederliegend. Teilblätter auf der Unterseite behaart.

SV: Halbtrockenrasen, Wiesen, Wegraine, Bahnschotter; meist auf lehmigen, nährstoffreichen und stickstoffhaltigen Böden; häufig.

A: G; ⊙; ⊙; ♃

Der Name „Hopfen-Klee" bezieht sich auf die Form der Blütenstände, die denen des Hopfens ähneln. Der Name „Schnecken-Klee" bezieht sich auf die Fruchtform: Die Hülse der *Medicágo*-Arten ist gekrümmt bis eingerollt.

Sichel-Luzerne

Sichelklee
Medicágo falcáta
Schmetterlingsblütengewächse
Fabáceae (Leguminósae)

Juni–September
20–50 cm

SK: Blüten 8–11 mm lang, in eiförmigen Köpfchen. Blütenblätter nach dem Verblühen abfallend. Blätter dreizählig gefingert.

B: Stengel aufsteigend bis aufrecht, meist reichästig. Teilblättchen an der Spitze gezähnt.

SV: Trockenrasen, Wegraine; liebt lockeren, kalkhaltigen Boden; zerstreut.

A: G; ♃

Die Sichel-Luzerne ist mit der Luzerne (*Medicágo satíva*) nahe verwandt. Sehr oft bilden sich Bastarde zwischen den beiden Arten, deren Blüten gelblich aufblühen, dann grünlich werden und violett verblühen. Die violett blühende Luzerne („Ewiger Klee") wird als wertvolles, eiweißreiches Futter in großem Maße angebaut.

Gemeiner Wundklee

Anthýllis vulnerária
Schmetterlingsblütengewächse
Fabáceae
(Leguminósae)

Mai–September
10–30 cm

SK: Blüten in Köpfchen. Blätter unpaarig gefiedert. Endblättchen länglich-eiförmig, viel größer als die (oft fehlenden) Seitenblättchen.

B: Stengel liegend oder aufsteigend. Unterste Blätter oft ungeteilt. Stengelblätter gefiedert. Teilblättchen länglich.

SV: Trockenrasen, Wegraine; liebt lockeren, sandig-lehmigen oder steinig-lehmigen Boden; etwas kalkliebend; wärmeliebend; häufig.

A: G; ♃

Der Wundklee wurde früher als Wundheilmittel benutzt. Als Inhaltsstoffe wurden Saponine und Gerbstoffe gefunden. Gelegentlich wird Wundklee auf trockenen Kalkböden angebaut. Er kann jedoch nur einmal im Jahr geschnitten werden.

Gelbe Spargelerbse

Tetragonólobus marítimus
(Lótus siliquósus)
Schmetterlingsblütengewächse
Fabáceae (Leguminósae)

Mai–Juli
15–40 cm

SK: Blüten einzeln, 2–3 cm lang, hellgelb. Blätter bläulichgrün.

B: Stengel niederliegend bis aufsteigend, bläulichgrün. Untere Blätter meist fünfzählig, fleischig, gestielt, obere kurz gestielt bis sitzend.

SV: Halbtrockenrasen, nasse Wiesen; Bergwiesen, an denen Hangdruckwasser austritt, Flachmoore; liebt feuchte Böden, die aber im Sommer austrocknen können; selten.

A: G; ♃

Der Name bezieht sich auf die gekrümmten, großen Früchte (Hülsen). Örtlich wurde die Spargelerbse früher als Futterpflanze angebaut. Ihre Hülsen sollen auch schon als Gemüse oder als Salat gegessen worden sein.

Gemeiner Hornklee

Wiesen-Hornklee
Lótus corniculátus
Schmetterlingsblütengewächse
Fabáceae (Leguminósae)

Mai–September
5–30 cm

SK: 3–6 Blüten in doldigen Köpfchen. Blüte 8–15 mm lang. Fahne oft rot angelaufen. Stengel engröhrig. Blätter fünfteilig (zwei Teilblättchen sind Nebenblätter, die den Teilblättchen des dreizähligen gefingerten Blattes gleichen).

B: Stengel aufsteigend bis aufrecht. Teilblättchen länglich-eiförmig.

SV: Halbtrockenrasen, Wiesen, Wegraine; kalkliebend; bevorzugt lockere Lehmböden; häufig.

A: G; ♃

Der Name bezieht sich auf die gekrümmten Früchte (Hülsen). Besonders auf trockenen Standorten treibt der Hornklee außerordentlich lange und tiefreichende Wurzeln, die bis 1 m lang werden können.

Schopf-Hufeisenklee

Hippocrépis comósa
Schmetterlingsblütengewächse
Fabáceae
(Leguminósae)

Mai–Juli
8–30 cm

SK: 4–8 Blüten in einer Dolde. Blätter gefiedert mit 9–15 Teilblättchen.

B: Stengel aufsteigend. Blätter langgestielt.

SV: Trockenrasen, Halbtrockenrasen, Steinbrüche, seltener auf Kalkschotter der Bahndämme und an Wegrainen; liebt lockeren, kalkhaltigen Boden; Kalkzeiger; zerstreut.

A: G; ♃

Der Name „Hufeisenklee" bezieht sich auf die Form der Früchte (Hülsen). Die meist nicht streng halbkreisförmig gebogene Hülse, die zwischen den Samen deutlich verengt ist, zerfällt reif in einzelne Glieder, die wohl in erster Linie durch den Wind, möglicherweise aber auch – im Fell haftend – durch Tiere verbreitet werden.

Wiesen-Platterbse

Láthyrus praténsis
Schmetterlingsblütengewächse
Fabáceae
(Leguminósae)

Juni–August
30–100 cm

SK: Staubblätter zu einer Röhre verwachsen, Röhre mit geradem Rand. Stengel nicht geflügelt, Blätter gefiedert, mit meist nur zwei Teilblättchen und einer Ranke.

B: Langgestielte, blattachselständige Traube. Nebenblätter (am Grunde des Blattstiels) pfeilförmig.

SV: Feuchte Wiesen, Fettwiesen, Waldsäume und Waldlichtungen; liebt lehmige humusreiche Böden; stickstoffliebend, zerstreut.

A: G; ♃

Die Wiesen-Platterbse enthält Bitterstoffe und wird deshalb von den Rindern meist verschmäht (obwohl sie wegen ihres hohen Eiweißgehaltes eine wertvolle Futterpflanze sein könnte).

Kleines Springkraut

Kleinblütiges Springkraut
Impátiens parviflóra
Balsaminengewächse
Balsamináceae

Juni – September
20 – 60 cm

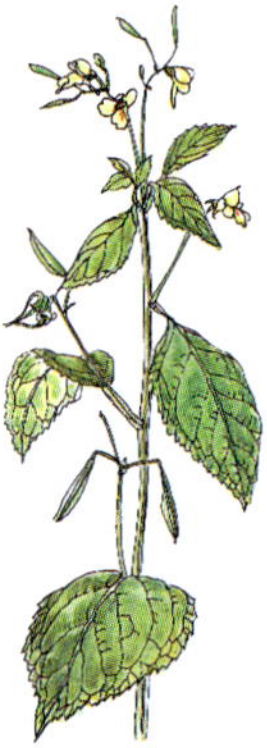

SK: Blüten aufrecht, klein, hellgelb; Sporn gerade.
B: 4 – 10 Blüten in traubigen, blattachselständigen Blütenständen. Stengel etwas glasig, an den Gelenken angeschwollen. Blätter eiförmig, gesägt.
SV: Laubwälder, Mischwälder, Gebüsche, Gärten, Schutthalden; liebt lockere, kalkarme oder kalkfreie, etwas feuchte Böden; etwas stickstoffliebend; schattenliebend; zerstreut.
A: G; ⊙; (☠)

Die Frucht schleudert den Samen aus. Darauf bezieht sich der Gattungsname. Das Kraut enthält einen chemisch noch unerforschten Bitterstoff und Gerbstoffe. Der Bitterstoff gilt als giftig und soll Übelkeit mit Schwindeln sowie Erbrechen und Durchfälle auslösen.

Echtes Springkraut

Rühr-mich-nicht-an
Impátiens noli-tángere
Balsaminengewächse
Balsamináceae

Juli–August
30–60 cm

SK: Blüten hängend, groß, goldgelb, innen rot punktiert. Sporn gekrümmt.

B: 2–4 Blüten in traubigen, blattachselständigen Blütenständen. Stengel glasig, an den Gelenken angeschwollen. Blätter eiförmig, grob gesägt.

SV: Auwälder, Schluchtwälder, feuchte Wälder; liebt lehmige Böden, kommt aber oft auch auf Geröllhalden vor; schattenliebend; häufig.

A: G; ⊙; (☠)

Eine zentrale Gewebesäule steht unter hoher Gewebespannung. Bei Berührung oder Erschütterung trennen sich bei der reifen Frucht die Fruchtblätter, rollen sich ein und schleudern die Samen aus. Diese können mehrere Meter weit fliegen. Enthält einen giftigen Bitterstoff.

Acker-Stiefmütterchen

Acker-Veilchen
Víola trícolor
Veilchengewächse
Violáceae

Mai – Oktober
10 – 20 cm

SK: Blätter länger als breit.

B: Blüten einzeln, langgestielt, weißlichgelb, hellviolett oder dreifarbig. Stengel meist ästig, aufrecht oder aufsteigend. Untere Blätter herz-eiförmig, gekerbt. Nebenblätter fiederspaltig.

SV: Unkrautbestände auf Äckern, in Gärten und Weinbergen; etwas säureliebend; zerstreut.

A: G; ☉

Der Name „Stiefmütterchen" bezieht sich auf die ungleich gestalteten und gefärbten Blütenblätter: das unterste Blütenblatt ist die „Stiefmutter"; die beiden anschließenden, meist ähnlich gefärbten Blütenblätter symbolisieren die „Töchter", die obersten, meist anders gefärbten Blütenblätter die „Stieftöchter" (Volksdeutung).

Gemeines Leinkraut

Frauenflachs
Linária vulgáris
Braunwurzgewächse
Scrophulariáceae

Juni – Oktober
30 – 60 cm

SK: Keine Verwechslungsmöglichkeit.

B: Traube. Blüten mit einem langen Sporn. Unterlippe mit orangegelbem Fleck. Stengel meist aufrecht. Blätter lineal-lanzettlich, am Rande zurückgerollt.

SV: Unkrautbestände auf Bahndämmen, an Wegen, Mauern, Zäunen, seltener in Weinbergen, auf Getreideäckern und auf Kahlschlägen; liebt lockeren, steinigen oder sandigen Boden; wärmeliebend; sehr häufig.

A: V; ♃

Die Blüten des Gemeinen Leinkrauts werden durch Hummeln bestäubt. Die Samenproduktion ist verhältnismäßig groß (bis 32 000 je Pflanze). Alte Heilpflanze; enthält Flavone.

Großblütiger Fingerhut

Blasser Fingerhut
Digitális grandiflóra
Braunwurzgewächse
Scrophulariáceae

Juni – Juli
50 – 130 cm

SK: Blüten 3 – 4,5 cm lang.

B: Einseitswendige Traube. Blüten schwefelgelb, bauchig, glockig, innen braun geadert. Stengel aufrecht, behaart. Blätter länglich, gesägt.

SV: Bergwälder, Laubwälder, Mischwälder, Lichtungen, Gebüsche, seltener Bergwiesen und alpine Matten; liebt lockeren, steinigen, sickerfeuchten Boden; selten; an seinen Standorten meist in kleineren Rudeln.

A: V; ♃; ☠; ▽

Enthält giftige Digitalis-Glycoside, vor allem Lanatosid A, dazuhin Flavonoide und Saponine. Bemerkenswerterweise wurde der Großblütige Fingerhut bei uns bisher nicht als Heilpflanze genutzt, obschon dies möglich erscheint.

Wiesen-Wachtelweizen

Melampýrum praténse
Braunwurzgewächse
Scrophulariáceae

Juni – September
15 – 30 cm

SK: Blüten 1,2 – 1,8 cm lang.
B: Einseitswendige, lockere Ähre. Stengel meist aufrecht. Blätter lineal-lanzettlich, rauh. (Noch einige sehr ähnliche, seltenere Arten, die schwer unterscheidbar sind).
SV: Heiden, Laubwälder, Mischwälder, Nadelwälder; liebt sauren, humushaltigen, lockeren und oft sandig-lehmigen Boden; häufig.
A: V; ⊙; (☠)
Halbschmarotzer. Den deutschen Gattungsnamen „Wachtelweizen" verdanken wir der irrtümlich im Volke verbreiteten Meinung, daß Wachteln den Samen besonders gerne fressen. In Wahrheit enthalten die Samen des Wachtelweizens große Mengen giftiges Aucubin.

Wald-Wachtelweizen

Melampýrum sylváticum
Braunwurzgewächse
Scrophulariáceae

Juni – August
15 – 25 cm

SK: Blüten 0,8 – 1 cm lang.

B: Einseitswendige Ähre. Stengel aufrecht oder aufsteigend. Blätter unterhalb der Blütenstände lanzettlich, ganzrandig, fast sitzend.

SV: Laubwälder, Mischwälder, Nadelwälder, Heiden; liebt lehmigen, oberflächlich sauren Boden; zerstreut.

A: V; ☉; (☠)
Halbschmarotzer. Die Blüten des Wald-Wachtelweizens werden häufig von kurzrüßligen Bienen und Hummeln am Grunde angebissen, weil diese Insekten nur so an den Nektar gelangen können. Der Wald-Wachtelweizen enthält – wie andere Arten der Gattung – besonders in den Samen in größerer Menge das giftige Aucubin.

Zottiger Klappertopf

Rhinánthus alectorólophus
(Alectorólophus hirsútus)
Braunwurzgewächse
Scrophulariáceae

Mai–Juli
10–50 cm

SK: Kelch behaart.

B: Blüten in den Blattachseln. Blütenröhre aufwärts gebogen. Blätter länglich-lanzettlich.

SV: Halbtrockenrasen, Wiesen, Unkrautbestände auf Getreideäckern, auch an Wegrainen; liebt lockeren, nährstoffreichen, etwas kalkhaltigen, lehmigen Boden; häufig.

A: V; ⊙; (☠)

Halbschmarotzer. Der Name „Klappertopf" bezieht sich auf die dürren Kapseln, in denen die Samen im Wind klappern. – Der Zottige Klappertopf enthält – wie auch andere Arten der Gattung Klappertopf – im Kraut und in den Samen das giftige Aucubin, ein Furanderivat, das besonders für Insekten giftig sein soll.

Kleiner Klappertopf

Rhinánthus mínor
(Alectorólophus mínor)
Braunwurzgewächse
Scrophulariáceae

Mai–Juli
15–40 cm

SK: Blütenröhre gerade.

B: Blüten einzeln in den Blattachseln. Blütenröhre fast gerade. Zähne der Oberlippe meist weißlich. Blätter schmallanzettlich, kahl.

SV: Wiesen, Halbtrockenrasen; liebt kalkarmen, meist etwas feuchten Boden; zerstreut.

A: V; ⊙; (☠)

Der Kleine Klappertopf kommt auf Böden vor, die arm an Nährsalzionen sind. Dies ist in wechselfeuchten Wiesen ebenso der Fall wie in trokkenen Magerrasen. Die Wurzeln seiner Jungpflanzen zapfen vor allem die Wurzeln von Gräsern an. Wie andere Klappertopf-Arten galt er früher als „Wiesenschädling". Er war durch Düngung relativ leicht kurzzuhalten.

Großer Klappertopf

Rhinánthus serótinus
(Alectorólophus májor)
Braunwurzgewächse
Scrophulariáceae

Mai–Juli
30–60 cm

SK: Kelch kahl.

B: Blüten einzeln in den Blattachseln. Blütenröhre gekrümmt. Zähne der Oberlippe violett. Stengel vierkantig. Blätter länglich-lanzettlich.

SV: Wiesen; liebt nährstoffreiche, lehmige und etwas feuchte Böden; zerstreut.

A: V; ⊙; (☠)

Der Name Klappertopf bezieht sich auf die dürren Kapseln, in denen die Samen im Wind klappern. Halbschmarotzer. Jungpflanzen zapfen mit ihren Wurzeln Nachbarpflanzen, vor allem Gräser an. Anders als beim Zottigen Klappertopf scheinen beim Großen Klappertopf Individuen, die nicht schmarotzen, blühen zu können, auch wenn sie nur kümmerlich wachsen.

Kleine Sommerwurz

Klee-Würger
Orobánche mínor (O. barbáta)
Sommerwurzgewächse
Orobancháceae

Mai – Juli
10 – 30 cm

SK: Blüten 1 – 1,8 cm lang. Zipfel der Oberlippe gerade vorgestreckt, im durchscheinenden Licht nicht dunkel punktiert. Stengel nicht verzweigt.

B: Ähre. Blüten blaßgelb. Oberlippe rötlich oder violett gestreift. Stengel rötlichgelb. Pflanze ohne grüne Blätter, nur mit gelblichen Schuppen. (Mehrere ähnliche, sehr schwer unterscheidbare, seltenere Arten, die auf verschiedenen Pflanzen schmarotzen).

SV: Kleefelder, Halbtrockenrasen, Waldränder, Gebüsche; schmarotzt vor allem auf Klee; selten.

A: V; ⊙; (☠)

Schmarotzt in Mitteleuropa vorwiegend auf dem Wiesen-Klee (*Trifólium praténse*), in Südeuropa aber auch auf anderen Arten. Enthält Aucubin.

Großer Wasserschlauch

Utriculária vulgáris
Wasserschlauchgewächse
Lentibulariáceae

Juni – August
15 – 30 cm

SK: Pflanze freischwimmend, grün. Blattzipfel spärlich bewimpert.

B: Lockere Traube. Blüten 1,3 – 2 cm lang, goldgelb. Blätter lang, ein- bis zweifach fiederteilig. An den Blättern blasenartige, 1 – 5 mm lange Insektenfallen (Schläuche; Name). (Mehrere ähnliche, schwer unterscheidbare, seltenere Arten).

SV: Schwimmpflanzenbestand stehender Gewässer; liebt nährstoffreiche, aber kalkarme, warme Gewässer; zerstreut; an seinen Standorten oft in größeren Beständen.

A: V; ♃

Insektenfressende Pflanze. Die Fangblasen des Wasserschlauches gehören zu den bemerkenswertesten Bildungen im Pflanzenreich.

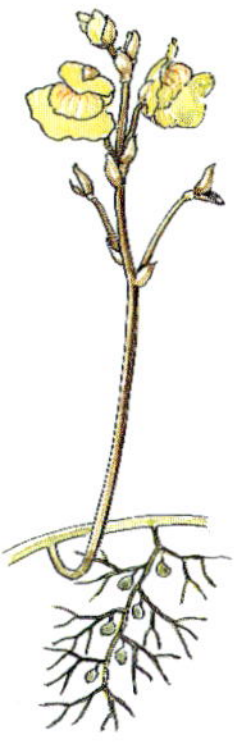

Gold-Taubnessel

Lamiástrum galeóbdolon
(Lámium galeóbdolon)
Lippenblütengewächse
Lamiáceae (Labiátae)

Mai–Juni
15–50 cm

SK: Pflanze brennesselartig, ohne Brennhaare. Unterlippe mit braunen Flecken.

B: Meist sechs Blüten in blattachselständigen Scheinquirlen. Stengel aufrecht oder ansteigend. Blätter kreuzgegenständig, eiförmig-herzförmig, gekerbt.

SV: Laubwälder, Mischwälder, Auwälder, seltener in Nadelforsten; liebt nährstoffreichen, mullhaltigen und etwas feuchten Boden, häufig.

A: V; ♃

Oft sieht man Individuen mit weißfleckigen Blättern. Diese Flecken fallen vor allem an Ausläufern auf, die den Boden flächig überziehen. Die Weißfleckung kommt zustande, weil sich die Blattoberhaut vom Blattgewebe abhebt.

Rotbrauner Frauenschuh

Cypripédium calcéolus
Orchideengewächse
Orchidáceae

Mai–Juni
15–80 cm

SK: Keine Verwechslungsmöglichkeit.

B: Große, schuhartig aufgeblasene, gelbe Lippe. Äußere Blütenblätter lanzettlich, meist braunpurpurn, seltener zitronengelb. Stengel ein- bis zwei- (selten mehr)blütig. Blätter groß, elliptisch.

SV: Laub-Mischwälder, Buchenwälder und Nadelwälder, auch im Legföhrengebüsch; liebt kalkreiche Lehmböden mit guter Humusbeimischung; wärmeliebend; sehr selten.

A: M; ♃; ▽

Die Frauenschuhblüte fällt nicht nur wegen ihrer eigenartigen Form auf, sondern auch wegen ihrer Größe. Mit einem Durchmesser bis zu 8 cm gehört sie zu den größten Blüten, die Pflanzen unserer Flora besitzen.

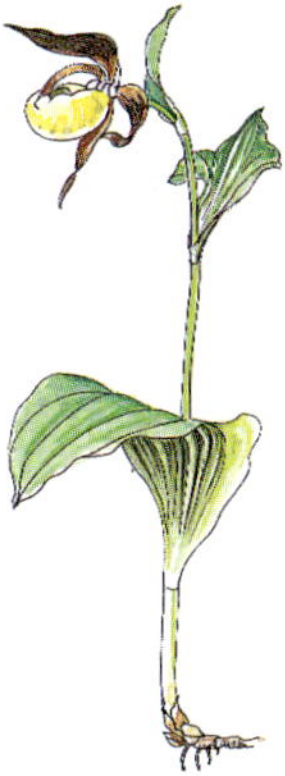

Blasses Knabenkraut

Bleiches Knabenkraut
Órchis pállens
Orchideengewächse
Orchidáceae

April–Juni
15–30 cm

SK: Lippe mit einem walzlichen, nach rückwärts gerichteten Sporn.

B: Walzliche Ähre. Äußere Blütenblätter abstehend. Lippen nur schwach dreilappig. Blätter eiförmig bis länglich, bis 4 cm breit.

SV: Buchenwälder, Laub-Mischwälder, Trockenwälder; liebt lockeren, humosen, etwas feuchten, kalkhaltigen Boden; wärmeliebend; selten.

A: M; ♃; ▽

Das Blasse Knabenkraut kommt in Mitteleuropa vorzugsweise auf kalkhaltigen humusreichen und daher lockeren Tonböden vor, auf denen möglichst noch eine ausgeprägte Mullauflage liegen sollte. Da es Wärme liebt, gedeiht es in lichten Laubwäldern am besten.

Bräunliche Nestwurz

Vogelnest-Orchidee
Neóttia nídus-ávis
Orchideengewächse
Orchidáceae

Mai–Juni
10–60 cm

SK: Ganze Pflanze gelbbraun. Lippe ohne Sporn.
B: Vielblütige Ähre. Lippe zweispaltig. Stengel trägt nur Schuppenblätter. Wurzeln vogelnestartig verflochten.
SV: Laubwälder, Laub-Mischwälder, Nadelforste; zerstreut.
A: M; ♃; ∇

Die Nestwurz verdankt ihren Namen ihren eng nestartig verflochtenen Wurzeln. Sie besitzt kein Chlorophyll und kann daher organische Stoffe nicht photosynthetisch aufbauen. Diese Stoffe bezieht sie von dem Pilz *Rhizoctónia neóttiae,* auf dem sie schmarotzt. Pilzfäden, die in die nestartig verschlungenen Wurzeln eindringen, werden in bestimmten Zellen verdaut.

Klatsch-Mohn

Papáver rhōeas
Mohngewächse
Papaveráceae

Mai – Juli
30 – 80 cm

SK: Blütenstiele mit abstehenden Borsten, Fruchtknoten und Kapsel kahl. Pflanze mit weißem Milchsaft. Riecht schwach widerlich.

B: Blüten einzeln, langgestielt, groß. Blütenblätter scharlachrot, am Grunde schwarz gefleckt. Stengel wenig verzweigt, abstehend behaart. Blätter tief fiederspaltig, gezähnt, sitzend.

SV: Unkrautbestände auf Äckern, Schuttplätzen und auf Kompostlagern; liebt nährstoffreiche, lehmige Böden, geht aber auch auf flache, warme Kalkböden; zerstreut.

A: G; ⊙–⊙; (☠)

Seit der Steinzeit als Ackerunkraut bekannt. Herkunft unsicher. Enthält besonders im Milchsaft ein schwach giftiges Alkaloid.

Großer Wiesenknopf

Sanguisórba officinális
Rosengewächse
Rosáceae

Juni – August
60 – 150 cm

SK: Keine Verwechslungsmöglichkeit.

B: Blütenköpfchen braun oder schwarzpurpurn. Stengel aufrecht. Blätter unpaarig gefiedert. Teilblättchen herzförmig-länglich.

SV: Flachmoore, feuchte Wiesen; liebt feuchte, torfige oder lehmige Böden; sehr häufig; kommt oft in lockeren Beständen vor.

A: G; ♃

Der Gattungsname *Sanguisórba* (= Blutkugel) bezieht sich auf Form und Farbe des Blütenstandes. Der Große Wiesenknopf ist windblütig. In dieser Eigenschaft unterscheidet er sich von den meisten Rosengewächsen. Die Pflanze enthält vor allem im Wurzelstock Gerbstoffe (Tannin) und Saponine. Alte Heilpflanze.

Rauhhaariges Weidenröschen

Zottiges Weidenröschen
Epilóbium hirsútum
Nachtkerzengewächse
Onagráceae (Oenotheráceae)

Juli – September
90 – 140 cm

SK: Blütenblätter 1 – 2 cm lang, purpurrot, Stengel wenigstens unten stark behaart.

B: Lockere Traube. Untere Blätter gekreuzt-gegenständig, lanzettlich, stengelumfassend.

SV: Gräben, Röhricht fließender, seltener stehender Gewässer, Unkrautbestände an nassen Wegen, seltener auch auf feuchten Schuttplätzen; liebt lehmige, etwas kalkhaltige Böden; zerstreut.

A: G; ♃

Die Samen der Weidenröschen-Arten haben auffällig lange Samenhaare, die sich jedoch nicht verspinnen lassen. Gelegentlich wurden sie schon zu Dochten verarbeitet. Früher wurde das Rauhhaarige Weidenröschen als Zierpflanze in Bauerngärten gepflanzt.

Schmalblättriges Weidenröschen

Epilóbium angustifólium
(Chamaenérion angustifólium)
Nachtkerzengewächse
Onagráceae (Oenotheráceae)

Juli – August
60 – 140 cm

SK: Blütenblätter 1,2 – 1,5 cm lang. Stengel meist kahl. Blätter lanzettlich, 1 – 2,5 cm breit, unterseits mit deutlichen Adern.

B: Lockere Traube. Blüten schwach zweiseitig-symmetrisch.

SV: Laubwälder, Mischwälder, Nadelforste, auf Lichtungen, Kahlschlägen und an Waldrändern; liebt lockeren, stickstoffhaltigen Boden; häufig.

A: G; ♃

An dieser Art entdeckte der Botaniker Sprengel 1790 die Fremdbestäubung. Die Samen werden von Ameisen verschleppt. Zu dem herdenartigen Auftreten kommt es, weil der Wurzelstock weithin kriecht und Tochtersprosse bildet. Die Pflanze enthält Gerb- und Schleimstoffe.

Gemeiner Seidelbast

Kellerhals
Dáphne mezéreum
Seidelbastgewächse
Thymelaeáceae

März–Mai
50–150 cm

SK: Blüten entspringen dem holzigen Stamm. Pflanze zur Blütezeit ohne Blätter oder nur mit einem Blattbüschel an den Zweigenden. Rote, beerenartige Steinfrucht.

B: Blüten rosenrot bis rotviolett, stark duftend. Frucht eine Beere. Rinde runzelig.

SV: Laubwälder, Mischwälder, seltener lichte Nadelforste; liebt nährstoffreichen, humusreichen und etwas kalkhaltigen Boden; zerstreut.

A: G; ♄; ☠; ▽
Enthält das scharf schmeckende, starke Gift Mezerin. Rinden- und Fruchtsaft können auf der Haut Blasen und schwer heilende Wunden erzeugen. Bettler sollen das früher ausgenutzt haben, um Mitleid zu erregen.

Rosmarin-Seidelbast

Heideröschen, Steinröslein
Dáphne cneórum
Seidelbastgewächse
Thymelaeáceae

Mai – Juni
10 – 30 cm

SK: Blüten purpurrot, außen behaart.

B: Blüten zu 6 – 10 in endständigen Büscheln. Zweige flaumig. Blätter ganzrandig, etwa 1,5 cm lang, immergrün, gleichmäßig verteilt.

SV: Lichte Trockenwälder, Halbtrockenrasen, felsige Abstürze in den Mittelgebirgen und im Voralpengebiet; liebt flachgründigen, kalkreichen Boden; wärmeliebend; sehr selten. An den Standorten oft in größeren Kissen.

A: G; ♄; ☠; ▽
Alle Organe enthalten das scharf schmeckende, starke Gift Mezerin. Schon der Saft der Rinde oder der aus den beerenartigen Steinfrüchten vermag auf der Haut Blasen und schwer heilende Wunden hervorzurufen.

Echtes Seifenkraut

Gemeines Seifenkraut
Saponária officinális
Nelkengewächse
Caryophylláceae

Juli–September
30–60 cm

SK: Blütenblätter nur ausgerandet, am Schlund mit zwei Zähnchen.

B: Blüten meist in dichten, endständigen Büscheln am Stengel und an seinen Ästen. Stengel aufrecht, feinflaumig, oft rot bis violett angelaufen. Blätter gegenständig, länglich-lanzettlich, spitz.

SV: Unkrautbestände an Mauern und auf Kiesbänken in Flußtälern; liebt grundwasserdurchzogenen, lockeren Boden; zerstreut.

A: G; ♃

Die Pflanze enthält reichlich Saponine. Diese erzeugen Schaum, wenn man das Kraut im Wasser zerreibt. Darauf bezieht sich der deutsche Gattungsname. Die Pflanze wurde früher als „Waschmittel" genutzt. Alte Heilpflanze.

Kuckucks-Lichtnelke

Kranzrade
Lýchnis flos-cúculi
Nelkengewächse
Caryophylláceae

April – Juli
30 – 70 cm

SK: Blütenblätter tief vierspaltig.
B: Lockere Trugdolde. Stengel nicht klebrig. Untere Blätter spatelig, obere lanzettlich.
SV: Feuchte Wiesen; liebt humushaltige, tiefgründige, lehmige Böden; zeigt hohen Grundwasserstand an; auf den Wiesen an den feuchtesten Stellen; häufig.
A: G; ♃

An der Kuckucks-Lichtnelke findet man häufig speichelartige Schaumklümpchen, in denen sich eine Schaumzikade verbirgt. Diese Schaumklümpchen heißen im Volksmund „Kuckucks-Speichel". Auf sie bezieht sich der Artname (vgl. Wiesen-Schaumkraut, S. 336). Die Pflanze enthält Saponine.

Rotes Leimkraut

Rote Nachtnelke, Rote Lichtnelke
Siléne dióica
Nelkengewächse
Caryophylláceae

April–August
30–100 cm

SK: Blütenblätter tief zweispaltig. Kelch bauchig, stark behaart, zehnnervig.
B: Lockere Trugdolde. Blüten eingeschlechtig. Stengel schlaff, oben ästig. Blätter gegenständig, obere eiförmig; Pflanze zweihäusig.
SV: Auwälder, feuchte Stellen in Laubwäldern, Mischwäldern und lichten Nadelforsten, feuchte Wiesen; liebt nährstoffreiche, stickstoffhaltige, feuchte Böden; Nässezeiger; häufig.
A: G; ⊙–♃
Die Rote Nachtnelke wird von Schmetterlingen und Hummeln bestäubt. Tagblüher im Gegensatz zu den beiden übrigen Arten der Gattung. Die Blüten werden gelegentlich von einem Brandpilz befallen.

Pracht-Nelke

Diánthus supérbus
Nelkengewächse
Caryophylláceae

Juni – September
30 – 100 cm

SK: Blütenblätter bis weit über die Mitte unregelmäßig fiederig zerschlitzt. Kelch am Grunde mit schuppenartigen Hochblättern, ohne trockenhäutige Streifen.

B: Blüten duftend, meist zu mehreren endständig. Stengel aufrecht, kahl, stielrund. Blätter lineal-lanzettlich, oft blaugrün.

SV: Laubwälder, Mischwälder, feuchte Wiesen; liebt dichten, kalkarmen Boden; zerstreut.

A: G; ♃

Bei der Pracht-Nelke ist der Nektar tief in der langen Kelchröhre verborgen. Das hat zur Folge, daß er selbst von Faltern nicht erreicht werden kann. Nur Tagschwärmer, deren Rüssel sehr lang ist, können ihn sich holen.

Kartäuser-Nelke

Echte Stein-Nelke
Diánthus carthusianórum
Nelkengewächse
Caryophylláceae

Juni – September
15 – 50 cm

SK: Blütenblätter gezähnt. Kelch am Grund mit schuppenartigen, trockenhäutigen Hochblättern, ohne trockenhäutige Streifen.

B: Blüten zu mehreren dicht gedrängt, endständig, seltener nur eine Blüte. Kelch und Hochblätter lederartig, braun. Stengel kahl. Blätter schmal, derb, am Rand rauh, am Grund zu einer Röhre verwachsen, gegenständig.

SV: Trockenrasen und Halbtrockenrasen; wärmeliebend; zerstreut.

A: G; ♃

Die Art hat ihren deutschen Namen angeblich deshalb bekommen, weil die Kartäuser-Mönche diese Nelke früher oft angepflanzt haben. Die Kartäuser-Nelke enthält Saponine.

Busch-Nelke

Diánthus seguiéri
(Diánthus silváticus)
Nelkengewächse
Caryophylláceae

Juni – August
20 – 50 cm

SK: Blütenblätter lang ausgefranst. Kelch am Grunde mit schuppenartigen Hochblättern, ohne trockenhäutige Streifen. Hochblätter krautig, höchstens mit trockenhäutigem Rand.

B: Blüten meist einzeln, selten mehrere. Hochblattschuppen kürzer als der halbe Kelch. Stengel aufrecht, manchmal verzweigt.

SV: Magere Wiesen, Bergwiesen; liebt wechselfeuchten, im Sommer meist trockenen, dichten Boden; auch auf Sandböden; zeigt oberflächliche Versauerung an; selten.

A: G; ♃; ▽

Das Art-Epithet wurde zu Ehren des französischen Botanikers J. F. Séguier vergeben, der von 1703 – 1784 lebte.

Floh-Knöterich

Pfirsichblättriger Knöterich
Polýgonum persicária
Knöterichgewächse
Polygonáceae

Juli – September
10 – 80 cm

SK: Blattscheiden langfransig bewimpert.
B: Ähren an Haupt- und Seitenästen. Stengel wenig ästig mit wenig verdickten Knoten. Blätter lanzettlich, glänzend, oberseits oft mit dunklen Flecken.
SV: Unkrautbestände auf Äckern, Schuttplätzen und an schlammigen Ufern; stickstoffliebend; häufig.
A: G; ⊙; (☠)
Die Pflanze enthält ätherische Öle und schmeckt deswegen brennend scharf. Merkwürdigerweise ist der Floh-Knöterich früher nicht als Heilpflanze genutzt worden, obschon man dies bei anderen Arten der Gattung getan hat. Möglicherweise deswegen, weil er nicht leicht kenntlich ist.

Ampfer-Knöterich

Polýgonum lapathifólium
Knöterichgewächse
Polygonáceae

Juli – Oktober
20 – 80 cm

SK: Blattscheiden nicht oder nur kurz bewimpert.
B: Ähren an Haupt- und Seitenästen. Stengel aufrecht, reichästig, mit verdickten Knoten, beblättert. Blätter meist im unteren Drittel am breitesten, oft mit dunklen Flecken.
SV: Unkrautbestände auf Hackfruchtäckern, seltener an Wegen, an Ufern und sogar im Wasser; liebt nährstoffreiche Böden; zerstreut.
A: G; ⊙–⊙
Vom Ampfer-Knöterich gibt es neben rotblühenden Exemplaren auch solche, die gelblich oder grünlich blühen. Vom Floh-Knöterich, bei dem es auch rotblühende und weiß-grünlich blühende Individuen gibt, unterscheidet er sich eindeutig durch kahle Blattscheiden.

Schlangen-Knöterich

Wiesen-Knöterich
Polýgonum bistórta
Knöterichgewächse
Polygonáceae

Mai – August
30 – 120 cm

SK: Dichtwalzliche Blütenähre.

B: Stengel aufrecht, Blätter länglich-eiförmig, unterseits graugrün. Wurzel dick, schlangenförmig gekrümmt.

SV: Feuchte Wiesen, Alpenmatten, Auwälder und feuchte Stellen in Laub- und Laubmischwäldern; nährstoffliebend; Nässezeiger; häufig.

A: G; ♃

Der Schlangen-Knöterich verdankt seinen Namen der Form des Wurzelstocks: Er ist schlangenartig gewunden, kurzgliederig, fast knollig gegliedert und mit Blattresten (die man als Schuppen deuten könnte) bedeckt. Auch das Epithet weist darauf hin: Das lateinische „bistorta" bedeutet „zweimal gewunden".

Große Fetthenne

Sédum teléphium
(Sédum máximum)
Dickblattgewächse
Crassuláceae

Juni – September
20 – 50 cm

SK: Stengel aufrecht. Blätter eiförmig-länglich, fleischig.

B: Blütenrispe. Blüten grünlichgelb oder rosa- bis dunkelrot (Unterart *purpúreum*). Blätter stumpf, ungleich gesägt, wechsel-, gegen- oder quirlständig, sitzend.

SV: Felsspalten, Geröllhalden, magere Rasen, lichte Gebirgswälder; liebt steinigen, aber nährstoffreichen Boden; selten.

A: G; ♃; (☠)

Der Name bezieht sich auf die fleischigen Blätter. Alte, schon von den Römern benützte Heilpflanze. Als Wirkstoffe werden Gerbstoffe, Flavonglycoside, Schleime und Alkaloide genannt. Vergiftungen sind nicht bekannt.

Bach-Nelkenwurz

Géum riväle
Rosengewächse
Rosáceae

April–Juni
30–50 cm

SK: Keine Verwechslungsmöglichkeit.
B: Stengel mehrblütig, nickend, zum Teil 6 Blütenblätter. Kelch rotbraun, Blütenblätter rötlichgelb. Blätter gefiedert. Endblättchen groß, Teilblättchen gelappt-gesägt bis fiederspaltig.
SV: Nasse Wiesen, Flachmoore, lichte Auwälder; liebt grundwasserdurchzogene Böden; häufig.
A: G; ♃; (☠)
Der Wurzelstock der Bach-Nelkenwurz duftet nach Nelkenöl (Name). Die Blüte wird vorwiegend von Hummeln bestäubt. Dabei beißen die kurzrüsseligen Erdhummeln die Blüten oftmals von oben an, um an den reichlich vorhandenen Nektar zu kommen. Der Wurzelstock enthält das schwach giftige Eugenol. Alte Heilpflanze.

Sumpf-Blutauge

Potentílla palústris
(Cómarium palústre)
Rosengewächse
Rosáceae

Juni–Juli
10–50 cm

SK: Keine Verwechslungsmöglichkeit.

B: Trugdolde. Stengel liegend, aufsteigend bis aufrecht. Grundachse verholzend. Blätter handförmig, siebenspaltig oder siebenteilig.

SV: Flachmoore und Zwischenmoore; liebt sauren und wenigstens zeitweilig überschwemmten Moorboden; selten.

A: G; ♃

Der Blütenbau ist beim Sumpf-Blutauge nicht sofort zu durchschauen. Die Kelchblätter sind größer als die Blütenblätter und auf der Innenseite meist intensiv dunkelpurpurrot gefärbt. Die schmaleren und kleineren Blütenblätter sind ebenfalls fast braunrot. Sie bleiben bemerkenswerterweise bis zur Fruchtreife erhalten.

Essig-Rose

Rósa gállica
Rosengewächse
Rosáceae

Juni
30–150 cm

SK: Blüten meist einzeln, 6–7 cm im Durchmesser, hellrot bis dunkel purpurrot, auf der Innenseite an der Basis heller, oft fast weißlich.

B: Blütenstiele mit gestielten Drüsen. Blätter nur am Rand drüsig, an den blühenden Zweigen oft mit nur 5 Teilblättchen. Schwacher Essigduft.

SV: Braucht kalkarme Lehm- und Tonböden. Waldränder, Wegraine. Wärmeliebend. Fast ausschließlich in den niedrigen Lagen der süddeutschen Mittelgebirge. Zerstreut.

A: G; ♄

Eine der Stammpflanzen europäischer Gartenrosen. Noch im letzten Jahrhundert wurden von der Art zahlreiche Sorten kultiviert.

Hunds-Rose

Heckenrose
Rósa canína
Rosengewächse
Rosáceae

Juni
1,3–2,8 m

SK: Blüten blaßrot bis hellrosa. Kelchzipfel nach dem Verblühen zurückgeschlagen. Blätter gefiedert.

B: Blüten zu 1–3, schwach duftend. Blütenblätter 2–2,5 cm lang. Blätter unpaarig gefiedert, 5–7 Teilblättchen, eiförmig, gesägt, kahl. Viele, schwer unterscheidbare Arten.

SV: Laubwälder, Waldränder, Gebüsche; liebt lockeren Boden; häufig.

A: G; ♄

Die Früchte der Hecken-Rose (Hagebutten) sind außerordentlich reich an Vitamin C (bis 1700 mg auf 100 g frische Früchte). Daneben enthalten sie Provitamin A, und zwar bis zu 5 mg auf 100 g frische Früchte.

Schierlings-Reiherschnabel

Eródium cicutárium
Storchschnabelgewächse
Geraniáceae

April–Oktober
15–50 cm

SK: Blätter unpaarig gefiedert. Teilblättchen tief fiederspaltig.

B: Blüte purpurn. Frucht mit Granne. Stengel aufsteigend, rauhhaarig, oft rot überlaufen.

SV: Unkrautbestände in Hackkulturen und in Halbtrockenrasen; zerstreut.

A: G; ⊙–⊙

Der deutsche Gattungsname bezieht sich auf die Schnabelform der Frucht. Die Samen werden, ähnlich wie beim Storchschnabel aus der Frucht herausgeschleudert. Mit ihrer Granne können sie sich im Fell von Tieren verfangen und werden so verbreitet. Mit Hilfe der gedrehten Granne vermögen sie sich bei unterschiedlicher Luftfeuchtigkeit ins Erdreich einzubohren.

Ruprechts-Storchschnabel

Stinkender Storchschnabel
Geránium robertiánum
Storchschnabelgewächse
Geraniáceae

Juni–Oktober
25–50 cm

SK: Stengel rot überlaufen. Blatt aus drei völlig getrennten Teilblättchen, diese fiederschnittig-gelappt. Pflanze riecht beim Zerreiben leicht widerlich.

B: Blüten zu zweien, rosenrot. Blütenblätter mit drei weißlichen Längsstreifen. Stengel kriechend bis aufsteigend, behaart.

SV: Laub-, Misch-, Nadel- und Bergwälder, Geröllhalden, Mauern; stickstoffliebend; gedeiht bei hoher Luftfeuchtigkeit besonders gut; häufig.

A: G; ⊙

Für den Artnamen stand der heilige Ruprecht Pate. Das Ruprechtskraut enthält ätherisches Öl (Geruch), Gerbstoffe und einen nicht näher bekannten Bitterstoff; Heilpflanze.

Sumpf-Storchschnabel

Geránium palústre
Storchschnabelgewächse
Geraniáceae

Juni–September
20–80 cm

SK: Blüten stets zu zweien.

B: Blüten 2,5–3 cm im Durchmesser. Blütenblätter nur leicht ausgerandet. Stengel ästig, rauhhaarig. Blätter handförmig; siebenteilig.

SV: Bachufer, Gräben, feuchte Wiesen; liebt feuchten Boden; selten; kommt an seinen Standorten meist in kleineren Rudeln vor.

A: G; ♃

Der Sumpf-Storchschnabel enthält im Wurzelstock Gerbstoffe. Besonders bemerkenswert ist bei den Storchschnabelarten die Samenverbreitung: Die Granne der Samen ist eingerollt und in dieser Lage gespannt. In einem bestimmten Reifestadium löst sich diese Spannung schlagartig, und die Samen werden herausgeschleudert.

Blutroter Storchschnabel

Blut-Storchschnabel
Geránium sanguíneum
Storchschnabelgewächse
Geraniáceae

Juni – August
10 – 50 cm

SK: Blüten 2,5 – 3,5 cm im Durchmesser, karminrot, einzeln.

B: Blütenblätter ausgerandet. Stengel und Blütenstiele abstehend behaart. Blätter fünf- bis siebenteilig, handförmig. Lappen lineal.

SV: Lichte Trockenwälder, Waldränder, Halbtrockenrasen; wärmeliebend; selten. Kommt an seinen Standorten meist in Beständen vor.

A: G; ♃

Enthält besonders im Wurzelstock Gerbstoffe, die blutstillend wirken. Frühere Heilpflanze zur Blutstillung. Darauf (und wohl nicht auf die Blütenfarbe) bezieht sich der deutsche Artname. Neben Gerbstoffen enthält der Blut-Storchschnabel auch noch einen Bitterstoff.

Moschus-Malve

Málva moscháta
Malvengewächse
Malváceae

Juli–September
20–60 cm

SK: Blüten hellrot, rosa bis fast weiß, Blütenblätter 2–2,5 cm lang. Obere Blätter bis fast zum Grund handförmig fünf- bis siebenteilig. Haare am Stengel unverzweigt (Lupe!)

B: Blüten zu 1–3 in den Blattachseln, nach Moschus duftend. Blätter mit einfach oder doppelt fiederspaltigen Zipfeln.

SV: Halbtrockenrasen, trockene Wiesen und Weiden; etwas kalkscheu; wärmeliebend; selten.

A: G; ♃

Alte Heilpflanze. Enthält Schleimstoffe. – Die Moschus-Malve war ursprünglich wohl nur im Mittelmeergebiet beheimatet. Zu uns kam sie als Zierpflanze. Entlang von Eisenbahnlinien und Straßen hat sie sich ausgebreitet.

Wilde Malve

Roßpappel
Málva sylvéstris
Malvengewächse
Malváceae

Juli – September
20 – 120 cm

SK: Blüten rotviolett. Blütenblätter etwa 2 cm lang. Fruchtstiele nicht abwärts gebogen. Obere Blätter bis höchstens zwei Drittel handförmig eingeschnitten.

B: Wenige Blüten in Büscheln in den Blattachseln. Stengel meist aufrecht. Blattlappen gekerbt.

SV: An Wegen, auf Schuttplätzen und alten Kompostlagerstätten; liebt lockere, nährstoffreiche Böden; Stickstoffzeiger; zerstreut.

A: G; ♃

Heilpflanze. Enthält Schleimstoffe. – Die Wilde Malve war ursprünglich wohl vom östlichen Mittelmeer bis nach Südsibirien verbreitet. Seit der jüngeren Steinzeit ist sie als Kulturbegleiter in Mitteleuropa aufgetreten.

Weg-Malve

Käsepappel
Málva neglécta (Málva vulgáris)
Malvengewächse
Malváceae

Juni–September
30–50 cm

SK: Blüten blaßrosa. Blütenblätter 8–15 mm lang. Fruchtstiel abwärts gebogen. Obere Blätter bis höchstens zwei Drittel handförmig eingeschnitten.

B: Blüten in Büscheln in den Blattachseln. Stengel meist niederliegend.

SV: Unkrautbestände an Wegen, an Bahndämmen, auf Schuttplätzen, an Kompostlagerstätten und an Mauern; Stickstoffzeiger; sehr häufig.

A: G; ⊙–♃

Alte Heilpflanze. Enthält Schleimstoffe. Die Weg-Malve kam erst mit dem Menschen nach Mitteleuropa. Auf ortsnahen Schuttflächen, die trokken sein können und die stickstoffsalzreich sein müssen, hat sie sich eingebürgert.

Roter Gauchheil

Acker-Gauchheil
Anagállis arvénsis
Primelgewächse
Primuláceae

Juli – Oktober
8 – 15 cm

SK: Keine Verwechslungsmöglichkeit.

B: Blüten blattachselständig, meist ziegelrot. Stengel meist niederliegend. Blätter gegenständig oder zu drei quirlständig, sitzend, eiförmig, unterseits schwarz punktiert.

SV: Unkrautbestände auf Hackfruchtäckern, seltener auf Getreideäckern und in Gärten oder auf Schuttplätzen; liebt nährstoffreichen Lehmboden; häufig.

A: V; ⊙

Der Name „Gauchheil" (Gauch = Kuckuck, Tor) hatte im Mittelhochdeutschen die Bedeutung: heilt Geisteskranke. Die Pflanze enthält Saponine, wird aber heute in der Heilkunde nicht mehr verwendet.

Mehl-Primel

Mehl-Schlüsselblume
Prímula farinósa
Primelgewächse
Primuláceae

Mai–Juli
5–30 cm

SK: Blätter auf der Unterseite mehlig weiß.

B: Aufrechte Dolde. Blüte purpurviolett bis rosa. Blätter rosettig, länglich bis verkehrt-eiförmig, gekerbt, schwach runzelig.

SV: Flachmoore, Quellfluren, feuchte alpine Matten; selten.

A: V; ♃; ▽

Die Pflanze enthält in ihrem Wurzelstock Saponine. – Bei der Mehl-Primel weist der gelbe Ring an der Blütenbasis den besuchenden Insekten den Weg zum Nektar. Wegen der Enge der Blütenröhre kommen nur Falter und Hummeln als Bestäuber in Frage. Angeblich soll es in Vorpommern eine Rasse mit weiter Blütenröhre geben, die auch von Bienen bestäubt werden kann.

Gemeine Glockenheide

Sumpf-Heide
Eríca tetrálix
Heidekrautgewächse
Ericáceae

Juli – August
10 – 50 cm

SK: Blätter nadelförmig, 4–7 mm lang, zu 3–4 quirlständig, steifhaarig gewimpert.

B: Blüten in endständigen, doldigen Köpfchen, krugförmig, fleischrot.

SV: Heiden und Moore; liebt feuchten oder nassen, sandigen oder torfigen, stets sauren Boden; zerstreut; meist bestandsbildend.

A: V; ♄

Die Glocken-Heide – nicht das viel häufigere Heidekraut – ist die von Dichtern viel besungene „Heide". Die Glocken-Heide ist, wo sie in Massen auftritt, eine vorzügliche Bienenweide. Der Rüssel der bestäubenden Insekten muß mindestens 7 mm lang sein, wenn sie an den Nektar gelangen wollen.

Moosbeere

Oxycóccus palústris
(Vaccínium oxycóccus)
Heidekrautgewächse
Ericáceae

Juni–August
bis 80 cm lang

SK: Stengel kriechend. Blätter klein, zugespitzt, am Rand umgerollt.

B: Blüten klein, nickend, langgestielt. Blätter dunkelgrün, glänzend. Beeren rot, überwinternd.

SV: Hochmoore und moorige, lichte Wälder, liebt sauren, nassen, moosigen Torfboden; selten; meist bestandsbildend.

A: V; ♄

Die Frucht der Moosbeere enthält reichlich Vitamin C. Die Früchte schmecken jedoch erst dann gut, wenn sie wenigstens einmal durchgefroren waren. Zur Herstellung von Kompott hat man sie früher örtlich gesammelt. Wegen der Kleinheit der Beeren als Wildobst bedeutungslos.

Echter Baldrian

Großer Baldrian
Valeriána officinális
Baldriangewächse
Valerianáceae

Juli–September
30–170 cm

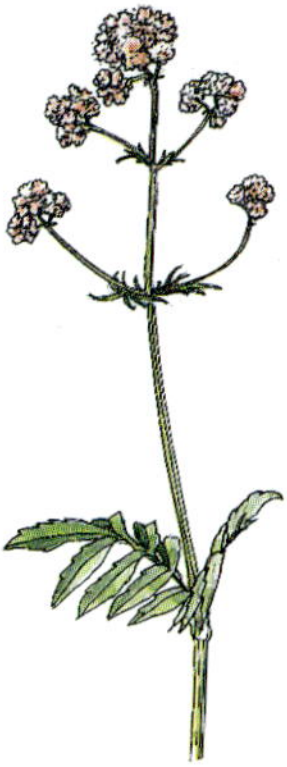

SK: Alle Blätter unpaarig gefiedert.

B: Endständige Doldenrispe. Blüten fleischrot bis sehr hell weißrötlich. Stengel einfach, gefurcht, hohl. Blätter gegenständig, 15–21 Teilblättchen, eingeschnitten-gezähnt, oberste ganzrandig. Die Blüten duften; doch wird ihr Geruch nicht von jedermann gleich stark empfunden.

SV: Feuchte Laub-, Misch- und Nadelwälder, Kahlschläge, Lichtungen, Waldwege, nasse Wiesen, Flachmoore, Gräben; liebt nährstoffreiche, feuchte, lehmige Böden; sehr häufig.

A: V; ♃; (☠)
Heilpflanze. Enthält vor allem in der Wurzel ätherische Öle und Alkaloide. Der Duft der Blüten lockt Katzen an.

Kleiner Baldrian

Valeriána dióica
Baldriangewächse
Valerianáceae

Mai–Juli
10–30 cm

SK: Untere Blätter ungeteilt, obere fiederteilig.

B: Trugdolde, Blüten oft zweihäusig, rosa- bis fleischrot. Stengel aufrecht, einfach, gefurcht, kahl.

SV: Flachmoore, nasse Wiesen, Gräben, Ufer, nasse Laub-, Misch- und Nadelwälder, Auwälder; liebt grundwasserfeuchten, nährstoffreichen Boden; zerstreut.

A: V; ♃

Anders als der Echte Baldrian enthält der Kleine Baldrian offensichtlich nur wenig von den Inhaltsstoffen, die für den Gebrauch als Droge ausschlaggebend sind. Allerdings ist über seine Inhaltsstoffe kaum etwas bekannt. Zum Sammeln verlockt er wegen seiner Kleinheit nicht.

Echtes Tausendgüldenkraut

Centaurium erythraea
(C. mínus, C. umbellátum)
Enziangewächse
Gentianáceae

Juli–Oktober
8–50 cm

SK: Blütenstand trugdoldig. Grundblätter rosettig.

B: Trugdolde flach. Stengel erst im Blütenstand verzweigt, vierkantig. Grundblätter rosettig. Stengelblätter länglich-oval, fünfnervig, kahl.

SV: Kahlschläge, lichte Wälder, Waldränder, Halbtrockenrasen; liebt sandige trockene Böden; zerstreut.

A: V; A; ▽

Die Gattungsnamen verweisen auf die griechische Sage: Der verwundete Zentaur Chiron soll durch das Kraut geheilt worden sein, daher „*Centaurium*". „*Centaurium*" übersetzte man dann fälschlich mit Hundertgüldenkraut (lat. centum = hundert; lat. aureus = golden). Daraus wurde im Volksmund das Tausendgüldenkraut.

Acker-Winde

Convólvulus arvénsis
Windengewächse
Convolvuláceae

Juni – Oktober
30 – 100 cm

SK: Blüte mit rosafarbenen Streifen oder ganz rot, etwa 1,5 – 2,5 cm lang.

B: 1 – 3 Blüten in den Blattachseln. Blüte trichterförmig, duftend. Stengel kahl, liegend oder linkswindend. Blätter wechselständig, gestielt, am Grund pfeil-spießförmig.

SV: Unkrautbestände auf Äckern, in Gärten, auf Schuttplätzen und an Wegen; liebt lockeren Lehmboden; Stickstoffzeiger; sehr häufig.

A: V; ♃

Die Blüten der Acker-Winde öffnen sich morgens zwischen 7 und 8 Uhr und schließen sich am selben Tag wieder gegen 13 – 14 Uhr; dann sind sie verblüht. Enthält in den Blättern Harz-Glycoside und Gerbstoffe; alte Heilpflanze.

Nessel-Seide

Cúscuta europaea
Seidengewächse
Cuscutáceae

Juni – September
30 – 100 cm

SK: Ein Geflecht grünlich-roter oder gelblich-roter, ziemlich dünner Stengel umgibt die Wirtspflanze (Brennessel, Ufer-Zaunwinde, Beifuß). Die in Knäueln sitzenden, hellrötlichen und manchmal fast weißen Blüten sieht man oft erst bei näherem Zusehen.

B: Neben 5-zipfeligen Blüten gibt es auch solche mit nur 4 oder 3 Zipfeln.

SV: Ödland, Ufer. Selten.

A: V; ⊙

Die Nessel-Seide besitzt keine Wurzeln. Sie schmarotzt auf anderen Pflanzen, denen sie mit Hilfe dafür gebildeter Saugorgane, der Haustorien, Nährstoffe und Wasser entzieht. Selbst giftige Inhaltsstoffe schützen nicht vor Befall.

Gemeiner Beinwell

Schwarzwurz
Sýmphytum officinále
Borretschgewächse
Boragináceae

Mai–September
30–100 cm

SK: Blätter deutlich am Stengel herablaufend.

B: Blütenstand nickend, trugdoldig. Blüte schmutzig purpurn, rosaviolett oder gelbweiß. Stengelblätter rinnig. Pflanze rauhhaarig.

SV: Ufer, Gräben, Auwälder, Waldränder und feuchte Stellen auf Waldlichtungen, nasse Wiesen, auch auf feuchten Schuttplätzen; liebt nassen, stickstoffhaltigen Boden; zerstreut.

A: V; ♃; (☠)
Die Pflanze wurde im Mittelalter als Heilmittel bei Knochenbrüchen verwendet. Deshalb der Name Beinwell. Schwarzwurz heißt die Pflanze nach ihrer schwarzen Wurzel. Sie darf jedoch nicht mit der Gemüsepflanze Schwarzwurzel verwechselt werden.

Roter Hasenlattich

Prenánthes purpúrea
Korbblütengewächse
Asteráceae
(Compósitae)

Juli–August
60–160 cm

SK: Nur 3–5 Zungenblüten in einem Körbchen. Körbchen rispig angeordnet.

B: Stengel oberwärts ästig. Blätter kahl, mit herzförmigem Grund, stengelumfassend; unterseits blaugrün. Untere Blätter länglich-lanzettlich, buchtig. Obere Blätter lanzettlich, meist ganzrandig.

SV: Laubwälder, Mischwälder, Nadelwälder, Bergwälder, alpine Matten; liebt humusreiche Böden; etwas kalkscheu; zerstreut.

A: V; ⊙

Der Rote Hasenlattich steht meist im Halbschatten. Obschon seine Blüten recht unauffällig sind, wird er doch regelmäßig von Käfern, Fliegen, Bienen und Hummeln beflogen und bestäubt.

Sommer-Adonisröschen

Sommer-Teufelsauge
Adónis aestivális
Hahnenfußgewächse
Ranunculáceae

Mai–Juli
30–50 cm

SK: Blüten scharlachrot. Kelchblätter kahl.

B: Blüten einzeln. Blütenblätter am Grunde mit schwarzem Fleck. Blätter zwei- bis dreifach gefiedert.

SV: Unkrautbestände auf Getreideäckern; liebt trockene Kalkböden; selten; geht stark zurück.

A: G; ⊙; (☠)

Der lateinische Gattungsname *(Adónis)* weist zurück auf die griechische Sage: Als der schöne Adonis auf der Jagd von einem Eber getötet wurde, entsproß der Erde überall da ein Adonisröschen, wo Blut auf die Erde tropfte. Der deutsche Gattungsname (Teufelsauge) bezieht sich vielleicht auf den Gegensatz zwischen lockender Schönheit und Giftigkeit.

Blut-Weiderich

Ähren-Weiderich
Lýthrum salicária
Weiderichgewächse
Lythráceae

Juli–September
50–160 cm

SK: Keine Verwechslung möglich.

B: Dichte, quirlige Traube. Stengel aufrecht, vierkantig. Blätter gekreuzt gegenständig, lanzettlich, am Grund abgerundet oder herzförmig.

SV: Röhricht stehender und fließender Gewässer, Gräben, Ufer, nasse Wiesen, Flachmoore, Riedgrasbestände, Bruchwälder; liebt nassen, schweren und etwas stickstoffhaltigen Boden; häufig.

A: G; ♃

Die Selbstbestäubung ist unmöglich, da sich beim Blut-Weiderich drei Blütentypen entwickelt haben, die sich in der Griffel- und Staubblattlänge sowie in der Pollengröße und Pollenfarbe unterscheiden. Die langgriffligen Formen überwiegen meist.

Gemeines Heidekraut

Besenheide
Callúna vulgáris
Heidekrautgewächse
Ericáceae

Juni – September
10 – 50 cm

SK: Blätter nadelförmig, 1 – 3 mm lang, in 4 Zeilen angeordnet, aber gegenständig.

B: Nahezu einseitswendige Traube. Blüten klein.

SV: Heiden, Laubwälder, Mischwälder, Nadelforste, Wegraine, Bergwiesen; liebt sandigen, sauren Boden; sehr häufig.

A: V; ♄

Das Gemeine Heidekraut ist häufiger als die Gemeine Glockenheide. Ihre Blüten liefern das Rohmaterial für den berühmten, dunklen Heidehonig. Neben Fliegen sieht man Hummeln und Schmetterlinge als Bestäuber. – Alte Heilpflanze, die Flavonglycoside, Gerbstoffe und etwas Arbutin enthält. Früher wurde sie zur Besenherstellung verwendet.

Gemeiner Wasserdost

Wasserhanf, Kunigundenkraut
Eupatórium cannábinum
Korbblütengewächse
Asteráceae (Compósitae)

Juli–September
70–150 cm

SK: Blüten in Körbchen, diese trugdoldig angeordnet. Alle Blüten röhrenförmig. Stengel beblättert. Blätter zum Teil gegenständig, meist dreiteilig. Teilblättchen lanzettlich, grob gesägt.

B: Körbchen klein. Blüten unscheinbar, dunkel- bis hellrot.

SV: Lichte Laubwälder, Mischwälder, Auwälder, Kahlschläge, Waldränder, Ufer; liebt nährstoffreichen Boden; Feuchtigkeitszeiger; häufig.

A: V; ⊙–♃; (☠)
Die Namen „Wasserhanf" und „Wasserdost" beziehen sich auf die Ähnlichkeit der Blätter mit Hanfblättern und der Blütenstände mit denen des Wilden Dostes. Alte Heilpflanze. Enthält einen chemisch noch unerforschten Bitterstoff.

Rote Pestwurz

Gemeine Pestwurz
Petasítes hýbridus
Korbblütengewächse
Asteráceae (Compósitae)

März – April
30 – 60 cm

SK: Blüten in traubig angeordneten Körbchen. Pflanze zur Blütezeit ohne Blätter; nur mit Blattschuppen am Stengel. Ganze Pflanze zur Blütezeit spinnwebig behaart.

B: Zungen- und Röhrenblüten schmutzig purpurn bis blaßrosa, wohlriechend. Blätter erscheinen gegen Ende der Blütezeit. Sie werden sehr groß (rhabarberartig).

SV: Ufer, Gräben, Flußauen, Waldränder; liebt steinigen, kalkhaltigen, feuchten Boden; häufig.

A: V; ♃

Der Name Pestwurz erinnert an die frühere Verwendung der Pflanze als Pestheilmittel. Enthält im Wurzelstock ätherische Öle, Bitterstoff und Gerbstoffe. Alte Heilpflanze.

Lanzett-Kratzdistel

Gemeine Kratzdistel
Círsium vulgáre
Korbblütengewächse
Asteráceae (Compósitae)

Juni – Oktober
60 – 130 cm

SK: Blüten in 2 – 4 cm breiten Körbchen. Nur Röhrenblüten. Fruchtknoten mit gefiederten Haaren (Lupe!). Blätter herablaufend.

B: Hülle oft etwas spinnwebig behaart. Blätter unterseits dünn graufilzig, tief fiederspaltig.

SV: Wege und Schuttplätze; liebt kalkhaltigen, stickstoffreichen Boden; häufig.

A: V; ⊙

Die Lanzett-Kratzdistel war ursprünglich in Mitteleuropa eine Pflanze der Waldlichtungen und Waldränder, vor allem an Ufern, an denen die Böden durch Anschwemmungen reich an Stickstoffsalzen waren. Als Menschen siedelten, fand sie ortsnah in stickstoffreichen Ödflächen zusagende Standorte.

Stengellose Kratzdistel

Erd-Kratzdistel
Círsium acaūle
Korbblütengewächse
Asteráceae (Compósitae)

Juli – September
5 – 20 cm

SK: Blüten in 3 – 6 cm breiten Körbchen. Nur Röhrenblüten. Haare am Fruchtknoten gefiedert (Lupe!). Stengel höchstens 20 cm hoch. Blätter rosettig, stachelig.

B: Blätter buchtig, fiederspaltig.

SV: Halbtrockenrasen, Weiden; liebt kalkhaltigen, lehmigen Boden; wärmeliebend; selten.

A: V; ♃

Die Stengellose Kratzdistel kommt in den Mittelgebirgen vor allem auf kalkhaltigen Trockenrasen vor; in den Alpen geht sie auch in Blaugrasrasen. Sie wird oft übersehen, gehört aber sicher zu den schönsten Arten der Gattung. Ihre Blüten werden von Faltern, Hummeln und Bienen bestäubt.

Sumpf-Kratzdistel

Círsium palústre
Korbblütengewächse
Asteráceae
(Compósitae)

Juli–September
90–200 cm

SK: Blüten in trugdoldig angeordneten, kleinen Körbchen. Nur Röhrenblüten. Fruchtknoten mit gefiederten Haaren (Lupe!). Stengel stachelig geflügelt. Blätter stachelig.

B: Stengel bis oben beblättert, spinnwebig behaart.

SV: Flachmoore, nasse Wiesen, Bruchwälder, nasse Kahlschläge; liebt nassen, etwas schlammigen oder torfigen Boden; häufig.

A: V; ⊙

An den Stengeln der Sumpf-Kratzdistel hängen zuweilen speichelartige Klümpchen, die im Volksmund „Kuckucksspeichel" heißen. Hierbei handelt es sich um die „Kinderstube" von Schaumzikaden aus der Gattung *Philaenus.*

Nickende Distel

Cárduus nútans
Korbblütengewächse
Asteráceae
(Compósitae)

Juli – August
30 – 100 cm

SK: Blüten in großen, einzelnen Körbchen, diese 3,5 – 7 cm im Durchmesser, nickend. Nur Röhrenblüten. Haare am Fruchtknoten nicht gefiedert (Lupe!). Blätter fiederspaltig.

B: Hüllblätter zurückgekrümmt, stechend.

SV: Unkrautbestände an Wegen, Böschungen und auf steinigen Schuttplätzen; liebt steinigen oder sandigen, kalkhaltigen Boden; zerstreut.

A: V; ☉

Die Röhren der Blüten werden um 8 mm lang. Damit ist der Nektar in ihnen nur für langrüsselige Insekten zu erreichen. Bestäuber sind in erster Linie Bienen und Hummeln. Häufig sieht man auch Falter. Blütenbesuchende Fliegen und Käfer fressen den Pollen.

Filz-Klette

Filzige Klette
Árctium tomentósum
Korbblütengewächse
Asteráceae (Compósitae)

Juli–August
50–150 cm

SK: Blüten in kugeligen, stark spinnwebig behaarten, rispig angeordneten Körbchen, diese 2–3 cm im Durchmesser. Nur Röhrenblüten. Hüllblätter der Blüten hakig (Klette).

B: Stengel beblättert. Blätter sehr groß, gestielt, am Grunde rundlich oder herzförmig.

SV: Unkrautbestände an Wegen, auch auf Schuttplätzen und an Bächen; liebt stickstoffreichen, kalkhaltigen Lehmboden; zerstreut.

A: V; ⊙

Aus der Gattung sind bei uns mehrere Arten heimisch. Zwischen ihnen bilden sich Bastarde. Sie lassen sich oft nur schwer einordnen. – Die Filzige Klette enthält in der Wurzel ätherische Öle, Bitter- und Schleimstoffe.

Wiesen-Flockenblume

Gemeine Flockenblume
Centāurea jacéa
Korbblütengewächse
Asteráceae (Compósitae)

Juni – Oktober
30 – 100 cm

SK: Blüten in großen Körbchen. Nur Röhrenblüten. Randblüten größer als die inneren. Stengel aufsteigend oder niederliegend. Mittlere und obere Blätter meist ungeteilt, wechselständig. Untere Blätter buchtig-fiederspaltig.

B: Stengel kantig, nur oben verzweigt.

SV: Halbtrockenrasen, Wiesen, Wegraine; liebt lehmigen Boden; sehr häufig.

A: V; ♃

Bei der Wiesen-Flockenblume wirkt – wie auch bei den übrigen Arten der Gattung – das Körbchen als Ganzes anlockend auf bestäubende Insekten. Die randlichen, vergrößerten Blüten sind sogar unfruchtbar und dienen als „Schauapparat“. Enthält Gerbstoffe.

Skabiosen-Flockenblume

Grind-Flockenblume
Centaurea scabiósa
Korbblütengewächse
Asteráceae (Compósitae)

Juli – August
60 – 130 cm

SK: Blüten in großen Körbchen (mindestens 2 cm lang). Nur Röhrenblüten. Hüllblätter mit dunklem Rand und trockenhäutiger Spitze. Blätter fiederteilig.
B: Körbchen kugelig, Randblüten vergrößert. Stengel aufrecht.
SV: Trockenrasen, Halbtrockenrasen, Wiesen, liebt lockeren Boden; häufig.
A: V; ♃
„Centaurea“ hat wohl nichts mit „centum“, lat. = hundert, zu tun, wie es beim Tausendgüldenkraut (*„Centaurium“*) der Fall ist. Vielmehr wird der Name von dem Zentaur Chiron hergeleitet, einer Figur der griechischen Sage, die als heilkundig beschrieben worden ist. – Enthält Flavone.

Türkenbund-Lilie

Lílium mártagon
Liliengewächse
Liliáceae

Juni – August
30 – 120 cm

SK: Blätter stehen in Quirlen. Blüten nickend, turbanartig, gefleckt.

B: Lockere Traube. Große Zwiebel.

SV: Laubwälder, Mischwälder und Schluchtwälder; bevorzugt nährstoff- und kalkreichen, humosen und lockeren Boden mit guter Wasserführung; selten, in Süddeutschland zerstreut.

A: M; ♃; ▽

Die Fleckung der Blütenblätter ist erblich, nicht aber das Muster, das die Flecken bilden. Kein Blütenblatt gleicht deshalb haargenau dem anderen. Die Farbflecken entstehen durch Bildung schwerlöslicher Farbstoffverbindungen in beieinanderliegenden Zellen nach einem ähnlichen Prinzip, wie sich Eisblumen am Fenster bilden.

Herbst-Zeitlose

Zeitlose
Cólchicum autumnále
Zeitlosengewächse
Colchicáceae

August – Oktober
5 – 20 cm

SK: Blüte auf weißlichem „Stiel". Ohne Blätter.
B: Blüten einzeln. 6 Staubblätter, 3 Griffel, Blätter erscheinen erst im nächsten Frühjahr; sie sind fleischig, tulpenartig und umhüllen die große Kapselfrucht.
SV: Feuchte Wiesen und Auwälder; nährstoff-, besonders etwas stickstoffliebend; bevorzugt tiefgründige Ton- und Lehmböden; häufig.
A: M; ♃; ☠
Der Fruchtknoten der Herbst-Zeitlose befindet sich tief in der langen Blütenröhre unter der Erde. Dort bleibt er bis zum nächsten Frühjahr. Die Herbst-Zeitlose enthält den Giftstoff Colchicin, besonders in der Blüte. Colchicin ist ein Zellgift, das u. a. die Zellteilung hemmt.

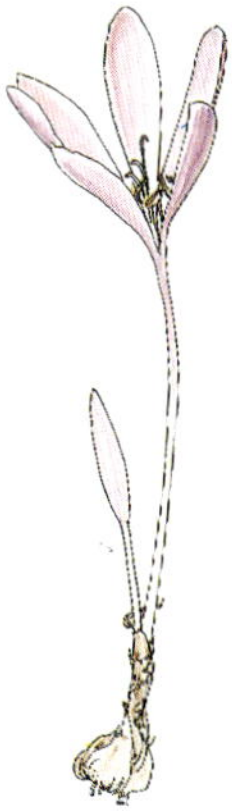

Hohler Lerchensporn

Corýdalis cáva
Erdrauchgewächse
Fumariáceae

März – Mai
15 – 30 cm

SK: 10 – 20 Blüten. Hochblätter ganzrandig. Knolle hohl.

B: Endständige Traube. Blüten meist trübrot, seltener violett oder weiß, schwach wohlriechend; Stengel zweiblättrig, unverzweigt. Blätter doppelt dreizählig, eingeschnitten, zart, kahl.

SV: Auwälder, Laubwälder, warme Gebüsche, Unkrautbestände in Weinbergen; liebt feuchte, mullreiche, aber warme Böden; selten.

A: G; ♃; ☠
Die Samen des Hohlen Lerchensporns besitzen nährstoffreiche Anhängsel. Ameisen fressen diese Anhängsel und verbreiten die Samen. Enthält besonders in der Knolle Alkaloide und ist dadurch giftig. Alte Heilpflanze.

Gefingerter Lerchensporn

Corýdalis sólida
Erdrauchgewächse
Fumariáceae

April–Mai
15–30 cm

SK: 10–20 Blüten. Hochblätter fingerförmig eingeschnitten. Knolle nicht hohl.

B: Endständige Traube. Blüten meist trübrot, seltener violett oder weiß. Sporn leicht nach oben gestellt. Stengel zweiblättrig. Blätter doppelt dreizählig, eingeschnitten, zart, kahl.

SV: Laubwälder und Gebüsche, Waldränder; liebt kalkarmen Lehmboden; selten.

A: G; ♃; ☠

Die Samen des Gefingerten Lerchensporns werden durch Ameisen verbreitet. Die Ameisen trennen die nahrhaften Anhängsel von den Samen ab und fressen sie; die Samen lassen sie liegen. Die Pflanze enthält besonders in der Knolle giftige Alkaloide.

Echter Erdrauch

Fumária officinális
Erdrauchgewächse
Fumariáceae

Mai–Oktober
15–30 cm

SK: Blüten mindestens 8 mm lang, Kelchblätter 2–5 mm lang.

B: Traube. Blüten hellpurpurn, an der Spitze schwarz-rot. Stengel aufsteigend oder aufrecht. Blätter blaugrün, doppelt fiederteilig.

SV: Unkrautbestände auf Hackfruchtäckern und in Gärten, seltener auf Getreideäckern; liebt Lehmböden; häufig.

A: G; ⊙; (☠)

In *Fumária* steckt lat. „fumus“ = Rauch. „Erdrauch“ scheint auf Bestände des Krautes auf Äckern hinzuweisen. Diese Deutung ist wohl falsch. Der Römer Plinius nannte eine Pflanze *Fumária*, deren Saft die Augen zum Tränen reizte. Ob das Erdrauch war, ist fraglich.

Bunte Kronwicke

Coronílla vária
Schmetterlingsblütengewächse
Fabáceae
(Leguminósae)

Juni – September
30 – 130 cm

SK: 10 – 20 Blüten (1 – 1,5 cm lang) in einer Dolde, hellrosa. Stengel liegend oder aufsteigend.

B: Blätter meist langgestielt. 11 – 25 Teilblättchen, kurzgestielt, verkehrt-eiförmig bis lineal.

SV: Halbtrockenrasen, Wegraine, trockene Gebüsche; liebt nährstoffreiche, dichte Böden; wärmeliebend; zerstreut.

A: G; ♃; ☠

Die Bunte Kronwicke enthält im Kraut giftige Glycoside, die ähnlich wirken wie das Gift des Fingerhutes. Sie hat sich in letzter Zeit in vielen Gegenden ausgebreitet, weil ihre Samen nicht selten in den Saatgutmischungen enthalten sind, die man zum Begrünen von Straßenböschungen aussät.

Saat-Esparsette

Futter-Esparsette, Esper
Onobrýchis viciifólia
Schmetterlingsblütengewächse
Fabáceae (Legumінósae)

Mai–Juli
30–60 cm

SK: Traube. Blüten rosenrot mit gelblichen Streifen. Blätter gefiedert.

B: Reichblütige Traube. Stengel aufsteigend bis aufrecht. Blätter mit 19–25 Teilblättchen.

SV: Halbtrockenrasen, Wiesen, Wegböschungen; zerstreut.

A: G; ♃

Der Name Esparsette ist französischen Ursprungs. Der Gattungsname *Onobrýchis* stammt aus dem Griechischen und bedeutet: Eselsfraß. Die Esparsette wird gelegentlich als eiweißreiches Futter angebaut. Größere Bedeutung hat ihr Anbau bis heute in südeuropäischen Ländern, wo sie auf mageren, kalkhaltigen Böden ein ordentliches Futter liefert.

Dornige Hauhechel

Onónis spinósa
Schmetterlingsblütengewächse
Fabáceae
(Legumінósae)

Juni – September
30 – 60 cm

SK: Haare am Stengel in einer oder in zwei Reihen.

B: Blüten zu 1 – 3 in den Blattachseln, oft zu traubigen, dicht beblätterten Blütenständen vereint. Stengel aufsteigend bis aufrecht, meist mit Dornen. Blätter dreizählig, kurzgestielt oder sitzend.

SV: Halbtrockenrasen, Wegraine, Weiden; liebt lehmigen, kalkhaltigen, mageren Boden; wärmeliebend; gegen Düngung, besonders mit Stickstoffsalzen, empfindlich; zerstreut.

A: G; ♄

Ähnlich: Kriechende Hauhechel, *Onónis répens:* Haare rings am Stengel. Stengel meist niederliegend. Juni – September; 15 – 20 cm. Standorte und Häufigkeit wie bei der Dornigen Hauhechel.

Rot-Klee

Wiesen-Klee
Trifólium praténse
Schmetterlingsblütengewächse
Fabáceae (Leguminósae)

Juni–Oktober
15–30 cm

SK: Meist zwei Blütenköpfe an einem Stengel, 2–3,5 cm lang. Kelch behaart, zehnnervig, halb so lang wie die Blütenblätter. Stengel meist behaart.

B: Blüten wohlriechend. Stengel aufsteigend oder aufrecht. Ähnlich: Wald-Klee, *Trifólium alpéstre (Trifólium alpéster)*: Kelch zwanzignervig; Trokkenrasen, Gebüsche, sandliebend; selten.

SV: Trockene bis mäßig feuchte Wiesen; liebt nährstoffreichen, tiefgründigen Boden; sehr häufig; wird häufig mit der Wiesensaat angepflanzt; auch auf Äckern als Futterpflanze angebaut.

A: G; ♃

Wichtige, eiweißreiche Futterpflanze. In Deutschland erstmals im 11. Jh., verbreitet seit dem 18. Jh. angebaut.

Zickzack-Klee

Mittlerer Klee
Trifólium médium
Schmetterlingsblütengewächse
Fabáceae (Leguminósae)

Juni–August
30–50 cm

SK: Blüten in einem kugelig-eiförmigen, 2–3 cm langen Köpfchen, sitzend oder kurz gestielt. Kelch kahl, nur an den Zähnen bewimpert, zehnnervig. Stengel behaart.

B: Stengel zickzackförmig geknickt. Teilblättchen elliptisch. Ähnlich: Purpur-Klee, *Trifólium rúbens:* Köpfchen walzlich, 3–7 cm lang. Kelch zwanzignervig. Stengel kahl. Standorte wie bei Zickzack-Klee; selten.

SV: Halbtrockenrasen, trockene Wiesen, Gebüsche, Waldränder, lichte Trockenwälder; liebt lockeren, lehmigen Boden; häufig.

A: G; ♃

Die Früchte des Zickzack-Klees werden gelegentlich durch Ameisen verschleppt.

Erdnuß-Platterbse

Láthyrus tuberósus
Schmetterlingsblütengewächse
Fabáceae
(Leguminósae)

Juni – September
30 – 120 cm

SK: Blüten rot; Stengel kantig, nicht geflügelt; Blätter mit einem Fiederpaar und Ranken.
B: Unterirdischer Stengel mit Knollen.
SV: Unkrautbestände in Getreideäckern, seltener auf Schutt; liebt nährstoffreichen, kalkhaltigen Lehmboden; zerstreut.
A: G; ♃

Tritt seit einigen Jahren häufiger auf, da ihre spät auflaufenden Keimlinge von Unkrautbekämpfungsmitteln meist nicht erfaßt werden. – Der Name Erdnuß-Platterbse verweist auf die Wurzelknollen, die bei 3–4jährigen Pflanzen etwa haselnußgroß werden können. Sie enthalten Stärke. Deswegen hat man sie in Hungerzeiten wie Kastanien zubereitet und gegessen.

Frühlings-Platterbse

Láthyrus vérnus
Schmetterlingsblütengewächse
Fabáceae
(Leguminósae)

April – Juni
20 – 60 cm

SK: 2 – 5 Blüten in einer Traube. Blüten zuerst rot, dann schmutzigblau. Staubblätter röhrig verwachsen. Röhre mit geradem Rand. Stengel kantig. Blätter gefiedert, mit 4 – 6 Teilblättchen.

B: Stengel vierkantig. Blätter ohne Ranke, nur mit kurzem Spitzchen.

SV: Wälder; liebt nährstoffreichen Boden; häufig.

A: G; ♃

Der Name „Platterbse“ bezieht sich auf die abgeplatteten Samen. – Die Verfärbung der Blüten wird durch einen Wechsel im Säuregrad des Zellsaftes hervorgerufen. In jungen Blüten ist der Zellsaft sauer; der Farbstoff ist dann rot. In älteren Blüten ist der Zellsaft neutral bis alkalisch, der Farbstoff blau.

Wald-Platterbse

Láthyrus sylvéstris
Schmetterlingsblütengewächse
Fabáceae
(Leguminósae)

Juli–August
90–210 cm

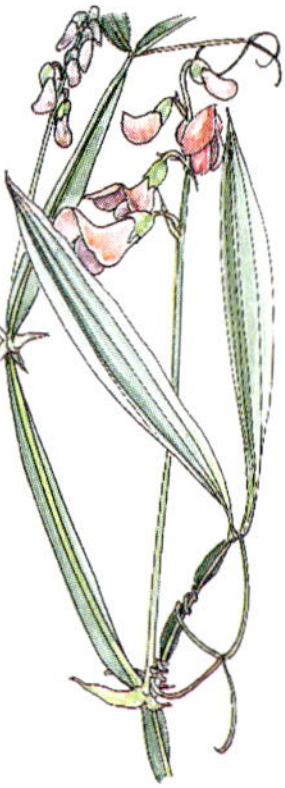

SK: Traube mit 3–10 Blüten; Blütenstiele geflügelt. Staubblätter röhrig verwachsen. Röhre mit geradem Rand. Blätter mit 2–6 Teilblättchen.
B: Stengel sehr kräftig, niederliegend, aufsteigend oder kletternd, vierkantig, mit zwei Flügeln; Blätter mit einer gefiederten Ranke.
SV: Laubwälder, Trockenwälder, Mischwälder, Lichtungen und Waldränder; liebt nährstoffreiche, etwas kalkhaltige Böden; zerstreut.
A: G; ♃
Bei der Wald-Platterbse sind Schiffchen und Griffel aus der Symmetrieebene herausgedreht. Als Folge davon können Bienen und Schmetterlinge auf der rechten Seite den Nektar heraussaugen, ohne die Blüte zu bestäuben.

Indisches Springkraut

Impátiens glandulífera
Balsaminengewächse
Balsamináceae

Juni–Oktober
50–200 cm

SK: Blüten mit abwärts gekrümmtem Sporn.

B: 5–20 Blüten stehen in aufrechten, blattachselständigen Trauben. Sie werden 2,5–4 cm lang. Stengel aufrecht und in der Regel nicht verzweigt. Blätter 10–25 cm lang, scharf gesägt.

SV: Ufer, nasse Wälder. Gedeiht nur bei hoher Luftfeuchtigkeit auf lehmigen Böden. Zerstreut. Tritt örtlich in größeren Beständen auf.

A: G; ⊙

Ursprünglich war das Indische Springkraut, dessen Heimat im Himalaya liegt, als Gartenpflanze nach Europa gekommen. Um 1915 wurde es erstmals verwildert beobachtet. Seit etwa 1930 hat es beständig Fuß gefaßt und breitet sich vor allem in tieferen Lagen aus.

Schopfiges Kreuzblümchen

Polýgala comósa
Kreuzblümchengewächse
Polygaláceae

Mai – Juni
5 – 25 cm

SK: Tragblätter etwa so lang wie die eben geöffneten Blüten; sie bilden an der Spitze des dichten Blütenstandes kurz vor dem Öffnen der Blüten einen Schopf.

B: Vielblütige Traube. Blüten meist rot, seltener blau. Stengel aufsteigend bis aufrecht. Blätter meist wechselständig, schmal-spatelig bis verkehrt-eiförmig.

SV: Trockenrasen und Halbtrockenrasen; liebt krümeligen Lehmboden; zerstreut.

A: G; ♃

Die Schopfige Kreuzblume wird vorwiegend von Tagschmetterlingen bestäubt. Sollte Bestäubung durch Insekten ausbleiben, kommt es zur Selbstbestäubung.

Roter Fingerhut

Digitális purpúrea
Braunwurzgewächse
Scrophulariáceae

Juni – August
30 – 150 cm

SK: Keine Verwechslung möglich.

B: Einseitswendige Traube. Blüten im Schlund gefleckt. Stengel aufrecht. Grundblätter rosettig, eiförmig-lanzettlich, gekerbt, unterseits grau-filzig.

SV: Kahlschläge, lichte Laub-, Misch- und Nadelwälder, Waldränder; liebt sandige, lehmige, stickstoffhaltige Böden; kalkscheu; zerstreut; kommt an seinen Standorten meist in größeren Rudeln vor.

A: V; ⊙; ☠
Wichtige Heilpflanze. Enthält zahlreiche giftige Glycoside (Digitalis-Glycoside). – Der Rote Fingerhut hat auf Schlagflächen einen Konkurrenzvorteil, weil es auf ihnen durch Streuzersetzung zur Anreicherung von Stickstoffsalzen kommt.

Acker-Wachtelweizen

Melampýrum arvénse
Braunwurzgewächse
Scrophulariáceae

Juni–Juli
10–30 cm

SK: Hochblätter purpurn. Blüten in dichten, allseitswendigen Ähren.

B: Blüten purpurn mit gelblichem oder weißlichem Fleck, 2–2,5 cm lang. Stengel aufrecht, verästelt. Blätter lanzettlich, spitz, ganzrandig oder gezähnt.

SV: Unkrautbestände auf Getreideäckern; liebt kalkhaltige Böden; selten.

A: V; ☉; (☠)

Halbschmarotzer. Den deutschen Gattungsnamen „Wachtelweizen" verdanken wir der irrtümlich im Volke verbreiteten Meinung, daß Wachteln den Samen besonders gern fressen. In Wahrheit enthalten die Samen des Wachtelweizens große Mengen giftiges Aucubin.

Wald-Läusekraut

Pediculáris sylvática
Braunwurzgewächse
Scrophulariaceae

Mai–Juni
5–15 cm

SK: Unterlippe deutlich kürzer als die Oberlippe.

B: Ähre. Blüten hellrosenrot. Stengel niederliegend oder aufsteigend. Blätter fiederteilig. Teilblättchen fiederspaltig.

SV: Flachmoore, Riedgrasbestände, feuchte Bergwiesen, Waldwege; liebt grundwasserfeuchten, ziemlich nährstoffarmen, sauren, torfigen oder sandigen Boden; zerstreut.

A: V; ⊙–♃; (☠)

Halbschmarotzer. Von Läusekräutern wurde früher ein Absud gegen Tierläuse verwendet, daher der Name. Enthält das für Insekten giftige Aucubin. – Der Nektar liegt so tief in der Blütenröhre verborgen, daß selbst langrüsselige Hummeln ihn nur durch „Einbruch" erreichen.

Stengelumfassende Taubnessel

Lámium amplexicaule
Lippenblütengewächse
Lamiáceae
(Labiátae)

März–Oktober
15–30 cm

SK: Pflanze brennesselartig, ohne Brennhaare. Obere Blätter stengelumfassend.

B: 6–10 Blüten sitzen in blattachselständigen Scheinquirlen; sie werden 1–1,5 cm lang und sind leuchtend purpurrot.

SV: Unkrautgesellschaften in Weinbergen, auf Äkkern, seltener in Gärten; geht gelegentlich in lükkige, stickstoffbeeinflußte Halbtrockenrasen; wärmeliebend; zerstreut.

A: V; ⊙

Nach dem Verblühen reifen in den Kelchen jeweils 4 Nüßchen heran. An jedem hängt ein nährstoffreicher Rest der Blütenachse. Fallen die Nüßchen aus dem Kelch, werden sie von Ameisen verschleppt, die das Anhängsel fressen.

Purpurrote Taubnessel

Lámium purpúreum
Lippenblütengewächse
Lamiáceae
(Labiátae)

März–Oktober
10–25 cm

SK: Pflanze brennesselartig, ohne Brennhaare. Unterlippe mit zweiteiligem Mittellappen und zwei kleinen Seitenlappen. Blüte 1–2 cm lang.

B: 3–5 Blüten in blattachselständigen Scheinquirlen. Stengelspitze und obere Blätter rot überlaufen. Alle Blätter gestielt, kreuzgegenständig, eiförmig-herzförmig, runzelig, gekerbt-gesägt. Pflanze riecht schwach widerlich.

SV: In Hackkulturen, seltener auf Getreideäckern, Schuttplätzen und an Wegen; liebt nährstoffreiche Lehmböden; sehr häufig.

A: V; ⊙

Die Nüßchen der Purpurroten Taubnessel werden von Ameisen verschleppt. In freiem Stand bilden sich oft Gruppen.

Gefleckte Taubnessel

Lámium maculátum
Lippenblütengewächse
Lamiáceae
(Labiátae)

März – Oktober
30 – 80 cm

SK: Pflanze brennesselartig, ohne Brennhaare. Unterlippe mit einem großen, zweiteiligen Mittellappen und zwei kleinen Seitenlappen. Blüte 2 – 3 cm lang, Blätter 3 – 5 cm lang.

B: 3 – 5 Blüten in blattachselständigen Scheinquirlen. Unterlippe der Blüten weiß gefleckt. Stengel aufrecht oder aufsteigend. Blätter kreuzgegenständig, gestielt, eiförmig-herzförmig.

SV: Laubwälder, Mischwälder, Waldränder, Gebüsche, Ufer; liebt feuchte, nährstoffreiche und meist kalkhaltige Böden; sehr häufig.

A: V; ♃

Die Blüten werden von langrüsseligen Hummeln und Tagschmetterlingen bestäubt. Die Samen werden durch Ameisen verbreitet.

Edel-Gamander

Echter Gamander
Teucrium chamaedrys
Lippenblütengewächse
Lamiáceae (Labiátae)

Juli – September
15 – 30 cm

SK: Blüten ohne Oberlippe. Unterlippe mit 5 Lappen. Blüten so lang wie die Hochblätter.

B: Blüten blattachselständig oder endständig, rotbraun. Stengel aufsteigend oder aufrecht. Blätter länglich-keilförmig, eingeschnitten gekerbt.

SV: Trockenrasen, Halbtrockenrasen, trockene Gebüsche, lichte Trockenwälder, seltener an Rasenbändern auf Kalkfelsen; liebt humusreiche Kalkböden; zerstreut.

A: V; ♃

Der Wurzelstock des Echten Gamanders treibt alljährlich zwei Generationen beblätterter Stengel, von denen nur die zweite zur Blüte gelangt. – Heilpflanze. Enthält ätherisches Öl, Bitterstoffe sowie Gerbstoffe.

Stechender Hohlzahn

Gemeiner Hohlzahn
Galeópsis tétrahit
Lippenblütengewächse
Lamiáceae (Labiátae)

Juli – Oktober
10 – 80 cm

SK: Oberlippe helmförmig. Unterlippe auf jeder Seite mit einem hohlen Zahn. Stengel unter den Gelenken angeschwollen.

B: Meist mehrere, fast kugelige, reichblütige Scheinquirle. Stengel einfach oder ästig, an den Gelenken behaart. Blätter langgestielt, breit-lanzettlich.

SV: Unkrautbestände auf Äckern, an Wegen, auf Schuttplätzen und Bahndämmen, auch an Waldrändern und auf Kahlschlägen; liebt nährstoffreichen, stickstoffreichen Boden; sehr häufig.

A: G; ⊙–⊙

Der Gemeine Hohlzahn ist aus zwei Hohlzahnarten durch Bastardierung entstanden, wobei die Chromosomenzahl verdoppelt wurde.

Heil-Batunge

Heil-Ziest, Rote Betonie
Betónica officinális
Lippenblütengewächse
Lamiáceae (Labiátae)

Juni – August
30 – 60 cm

SK: Blüten in endständiger, dichter kopfiger Ähre. Grundblätter rosettig.

B: Dichte Scheinähre mit einigen entfernt stehenden Quirlen. Stengel vierkantig, wie die Blätter rauhhaarig. Blätter gestielt, kreuzgegenständig, eiförmig-lanzettlich, gekerbt.

SV: Wiesen, lichte Laub- und Mischwälder; liebt sommertrockene, aber zeitweise feuchte, sandige oder lehmige Böden; zerstreut.

A: V; ♃

Die Heil-Batunge wurde schon im Altertum als Heilpflanze benutzt, doch schätzt man ihre Wirkung heute nicht allzu hoch ein. An Inhaltsstoffen hat man Betonicin, Stachydrin und Turicin, dazu Bitterstoffe und Gerbstoffe gefunden.

Wald-Ziest

Waldnessel
Stáchys sylvática
Lippenblütengewächse
Lamiáceae (Labiátae)

Juni – August
60 – 120 cm

SK: Blüten in Scheinquirlen in den Blattachseln und in einer endständigen Scheinähre.

B: Blüten doppelt so lang wie der Kelch. Stengel aufrecht, oben verästelt, rauhhaarig. Blätter kreuzgegenständig, herzförmig, gesägt, rauhhaarig.

SV: Laubwälder, Mischwälder, Bergwälder, Auwälder, Schluchtwälder; liebt lockere, stickstoffreiche, grundwasserfeuchte Böden; häufig.

A: V; ♃

Wie die Heil-Batunge, der er nahe steht, enthält der Wald-Ziest Betonicin, Stachydrin, Turicin, Trigonellin und Gerbstoffe. Im Gegensatz zu ihr wurde der Wald-Ziest indessen nur wenig als Heilpflanze genutzt.

Sumpf-Ziest

Schweins-Rübe
Stáchys palústris
Lippenblütengewächse
Lamiáceae (Labiátae)

Juni–August
10–60 cm

SK: Blüten in Scheinquirlen in den oberen Blattachseln und endständig. Blüten doppelt so lang wie der Kelch. Blätter sitzend, höchstens die unteren kurzgestielt, länglich.

B: Scheinquirle sechs- bis zwölfblütig. Unterlippe gefleckt. Stengel steifhaarig. Blätter kreuzgegenständig, gesägt, steifhaarig.

SV: Nasse Wiesen, feuchte Äcker, Bergwiesen, Wegränder, liebt feuchten Boden; zerstreut.

A: V; ♃

Der Sumpf-Ziest treibt unterirdische Ausläufer, an denen sich im Herbst längliche Knollen entwickeln, die um 1 cm im Durchmesser erreichen können. Diese werden von Schweinen gerne gefressen.

Feld-Thymian

Quendel
Thýmus pulegioídes
Lippenblütengewächse
Lamiáceae (Labiátae)

Juli – Oktober
5 – 30 cm

SK: 3 – 6 Blüten in den Blattachseln und an den Stengelenden in kopfigen, kleinen Scheinähren.

B: Stengel niederliegend oder aufsteigend, am Grunde holzig, rund oder etwas kantig, ringsum behaart. Blätter klein, drei- bis viermal länger als breit, kreuzgegenständig, etwas lederig, elliptisch oder länglich. Zerriebene Blätter riechen intensiv.

SV: Wegränder, Wegraine, Böschungen, Trockenrasen, Halbtrockenrasen; liebt lockere, oft sandige oder steinige Böden, aber auch auf Lehmböden; sehr häufig.

A: V: ♃
Heilpflanze. Enthält ätherische Öle (Geruch), Gerbstoffe und einen Bitterstoff.

Wilder Dost

Echter Dost, Dosten
Oríganum vulgáre
Lippenblütengewächse
Lamiáceae (Labiátae)

Juli – Oktober
30 – 60 cm

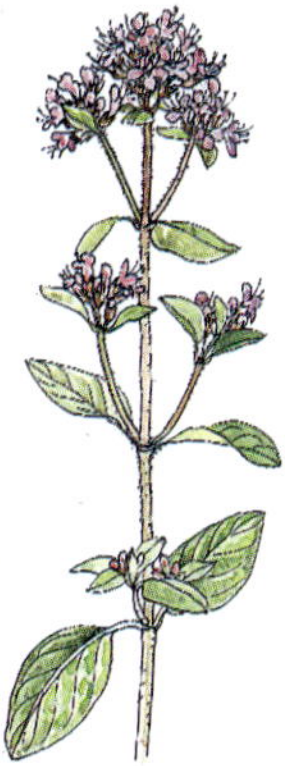

SK: Blütenstände rispig-trugdoldig. Hochblätter rot überlaufen. Blätter fast kahl.

B: Blüten purpurrot. Stengel rundlich, behaart. Blätter kreuzgegenständig, eiförmig, spitz.

SV: Bergwälder, Trockenwälder, trockene Gebüsche, Waldränder, Halbtrockenrasen, Wegraine; liebt nährstoffreichen, kalkhaltigen Boden; wärmeliebend; häufig.

A: V; ♃

„Dost" stammt vom mittelhochdeutschen „doste" = Strauß. Damit wird darauf verwiesen, daß bei einer Pflanze die Blüten so zahlreich sind, daß man sie auf den ersten Blick nicht individuell erkennen kann. Heilpflanze, die ätherisches Öl und Gerbstoffe enthält.

Gemeine Kölme

Wirbeldost, Borsten-Bergminze
Clinopódium vulgáre
Lippenblütengewächse
Lamiáceae (Labiátae)

Juli–Oktober
30–60 cm

SK: 10–20 Blüten in dichten Quirlen. Bis zu 4 Quirle übereinander. Stengel aufrecht, rauhhaarig. Blätter eiförmig bis länglich.

B: Kelch stechend begrannt. Blätter gestielt, eiförmig, gekerbt-gesägt, zottig behaart.

SV: Trockenwälder, trockene Gebüsche, Wegraine; liebt lockeren, nährstoffreichen und etwas kalkhaltigen Boden; zerstreut.

A: V; ♃

Bei der Gemeinen Kölme reifen – wie bei den übrigen Lippenblütengewächsen – nach der Befruchtung 4 Nüßchen. Anders als bei den meisten anderen Arten bleiben diese lange im Kelch der Frucht beieinander. Häufig werden sie zusammen mit ihm verweht oder verschleppt.

Steifblättrige Kuckucksblume

Fleischfarbenes Knabenkraut
Dactylorhíza incarnáta
Orchideengewächse
Orchidáceae

Juni – Juli
20 – 40 cm

SK: Lippe mit einem walzlichen, nach rückwärts gerichteten Sporn. Seitliche Blütenblätter stehen ab. Hochblätter krautig, länger als die fleischfarbenen Blüten, Blätter an der Spitze kapuzenförmig zusammengezogen, ungefleckt.

B: Walzliche, reichblütige Ähre. Sporn der Lippe kürzer als der Fruchtknoten. Lippe fast ungeteilt. Stengel meist hohl, mit 3 – 6 Blättern, lanzettlich.

SV: Flachmoore, nasse Wiesen; kommt sowohl auf kalkigen wie auch auf versauerten, tonigen Böden vor, zerstreut.

A: M; ♃; ▽

Wie bei anderen Arten der Gattung wird im Sporn kein Nektar abgeschieden. Er kann nur am Sporngrund erbohrt werden.

Breitblättrige Kuckucksblume

Breitblättriges Knabenkraut
Dactylorhíza majális
Orchideengewächse
Orchidáceae

Mai – Juni
25 – 30 cm

SK: Lippe mit einem walzlichen, nach rückwärts gerichteten Sporn. Blütenblätter stehen seitlich ab. Hochblätter krautig, länger als die dunkelroten Blüten. Blätter meist gefleckt.

B: Dichte, reichblütige Ähre. Lippe deutlich geteilt. Stengel weitröhrig. 4 – 6 lanzettliche Blätter. Knolle handförmig geteilt.

SV: Flachmoore, nasse Wiesen; liebt nährstoffreichen, schwach sauren Boden; weniger als andere Arten der Gattung gegen Stickstoff empfindlich; zerstreut.

A: M; ♃; ▽

Da die Breitblättrige Kuckucksblume etwas stickstoffsalzempfindlich ist, wurde sie durch Düngung von vielen Standorten verdrängt.

Gefleckte Kuckucksblume

Geflecktes Knabenkraut
Dactylorhíza maculáta
Orchideengewächse
Orchidáceae

Juni–Juli
20–60 cm

SK: Lippe mit einem walzlichen, nach rückwärts gerichteten Sporn. Seitliche Blütenblätter abstehend. Hochblätter krautig.

B: Ähre anfänglich pyramidenförmig. Blüten hellpurpurn, rosa bis fast weiß, hellviolett. Lippe dreilappig, Mittellappen am schmalsten. Stengel engröhrig oder markig.

SV: Magerrasen, Heiden, Flachmoore, lichte Trokkenwälder; zerstreut; bildet an ihren Standorten meist größere Bestände.

A: M; ♃; ▽
Die Arten der Gattungen *Órchis* und *Dactylorhíza* werden zwar von nektarsuchenden Insekten (Hummeln, Bienen) bestäubt; sie sondern aber keinen Nektar ab.

Kleines Knabenkraut

Salep-Knabenkraut
Órchis mório
Orchideengewächse
Orchidáceae

Mai – Juni
8 – 40 cm

SK: Lippe mit waagrecht abstehendem Sporn. Alle Blütenblätter, außer der Lippe, neigen helmförmig zusammen. Lippe breiter als lang.

B: Lockere Ähre mit 4 – 12 Blüten. Blüten purpurviolett. Blätter lanzettlich. Stengel kantig.

SV: Halbtrockenrasen und Wiesen; liebt nährstoffreiche Böden; selten.

A: M; ♃; ▽

Die Knolle des Kleinen Knabenkrauts enthält Schleimstoffe, die bei der Herstellung von Arzneien verwendet werden können. – Das Salep-Knabenkraut war noch bis zum Zweiten Weltkrieg in zahlreichen einschürigen Mähwiesen weit verbreitet. Durch Düngung ist es von vielen Standorten verdrängt worden.

Stattliches Knabenkraut

Manns-Knabenkraut, Männliches Knabenkraut
Órchis máscula (Órchis másculus)
Orchideengewächse
Orchidáceae

Mai–Juni
20–50 cm

SK: Lippen mit einem walzlichen, nach rückwärts gerichteten Sporn. Hochblätter häutig. Blätter in der Mitte am breitesten.

B: Lange, lockere, reichblütige Ähre. Blüten purpurrosa, dunkler gefleckt. Lippe dreilappig. Blätter länglich-lanzettlich, meist nicht gefleckt. Knolle ungeteilt.

SV: Halbtrockenrasen, Wiesen, Laubwälder; liebt lockere Lehmböden; zerstreut.

A: M; ♃; ▽

Die Hodenform der ungeteilten Knollen des Manns-Knabenkrautes, die ähnlich auch für andere Arten der Gattung charakteristisch ist, hat dieser Art und der ganzen Gattung den Namen gegeben.

Helm-Knabenkraut

Órchis militáris
Orchideengewächse
Orchidáceae

Mai–Juni
25–50 cm

SK: Lippe mit einem walzlichen, abwärts gerichteten Sporn. Alle Blütenblätter außer der Lippe neigen helmförmig zusammen. Lippe länger als breit.

B: Lockere, reichblütige Ähre. Blüten purpurn bis rosarot, fein rot punktiert. Blätter länglich.

SV: Halbtrockenrasen, lichte, trockene Wälder, auch auf wechselfeuchten Standorten; Kalkzeiger; etwas wärmeliebend; zerstreut.

A: M; ♃; ▽

Sowohl der lateinische wie auch der deutsche Artname bezieht sich auf die Helmform (Sturmhaube), die durch das Zusammenneigen der drei oberen Blütenblätter entsteht. Die Knolle enthält Schleimstoffe.

Große Händelwurz

Mücken-Händelwurz, Nacktdrüse
Gymnadénia conopséa
Orchideengewächse
Orchidáceae

Mai–August
10–60 cm

SK: Blütensporn fast doppelt so lang wie der Fruchtknoten (scheinbarer Blütenstiel). Blüte schwach duftend.

B: Lange, vielblütige Ähre. Blüten verhältnismäßig klein. Lippe breiter als lang, dreilappig, Blätter lineal-lanzettlich bis breit-lanzettlich.

SV: Halbtrockenrasen, Riedgrasbestände, Flachmoore, gelegentlich auch lichte Gebüsche und Wälder; kalkliebend; zerstreut.

A: M; ♃; ∇

Die Händelwurz-Arten verdanken ihren Namen ihren handförmig gelappten Knollen. Ähnlich wie bei der Kuckucksblume befindet sich bei der Händelwurz der Nektar in der Spitze des langen Blütensporns.

Akelei-Wiesenraute

Akeleiblättrige Wiesenraute
Thalíctrum aquilegifólium
Hahnenfußgewächse
Ranunculáceae

Mai–Juni
50–150 cm

SK: Keine Verwechslung möglich.

B: Doldenrispe. Blüten dicht gedrängt. Blütenblätter rasch abfallend. Staubfäden violett. Blätter wechselständig, zwei- bis dreifach gefiedert. Verästelungen des Blattstiels am Grunde mit häutigen, muschelförmigen Nebenblättchen.

SV: Auwälder, Laubwälder, Flachmoore; liebt feuchten Lehmboden; selten.

A: G; ♃

Der Name der Gattung bezieht sich auf die Rautenform der Teilblättchen. In den Blättern ist ein gelber Farbstoff enthalten, der früher zum Färben von Wolle verwendet wurde. Außerdem konnten in ihnen in geringen Mengen Glycoside nachgewiesen werden.

Echte Nachtviole

Hésperis matronális
Kreuzblütengewächse
Brassicáceae
(Crucíferae)

Mai–Juli
40–100 cm

SK: Zahlreiche Blüten stehen in einem lockeren Blütenstand. Sie erreichen bis 2 cm im Durchmesser. Die Grundblätter können bis 15 cm lang werden, sterben aber früh ab.

B: Reife Schoten bis 4 cm lang. Stengelblätter borstig behaart.

SV: Waldränder, Wege; auf nährstoffreichen und etwas feuchten Böden; zerstreut.

A: G; ⊙–♃

Die Echte Nachtviole war früher eine beliebte Zierstaude. Auch heute wird sie noch da und dort gepflanzt. Die meisten der „Wildvorkommen" dürften durch „Kulturflüchtlinge" entstanden sein. Als ursprünglich kann man wohl nur die Vorkommen in den Südostalpen ansehen.

Wiesen-Schaumkraut

Cardámine praténsis
Kreuzblütengewächse
Brassicáceae
(Cruciferae)

April – Mai
30 – 60 cm

SK: Fruchtknoten mehr als dreimal so lang wie breit. Blätter gefiedert.

B: Traube. Stengel hohl, fast rund. Grundblätter rosettig, unpaarig gefiedert. Teilblättchen rundlich, Endblättchen oft stark vergrößert.

SV: Feuchte Wiesen und feuchte Stellen in Wäldern; sehr häufig.

A: G; ♃

„Schaumkraut" bezieht sich auf das häufige Vorkommen von Schaumhäufchen, die einer Schaumzikade als Lebensraum dienen. Die Schaumzikade saugt Saft aus dem Stengel, der zusammen mit einem ausgeschiedenen, verseiften Wachs durch die Atemluft schaumig aufgetrieben wird.

Wilde Karde

Wald-Karde
Dípsacus fullónum (D. sylvéstris)
Kardengewächse
Dipsacáceae

Juli–August
90–200 cm

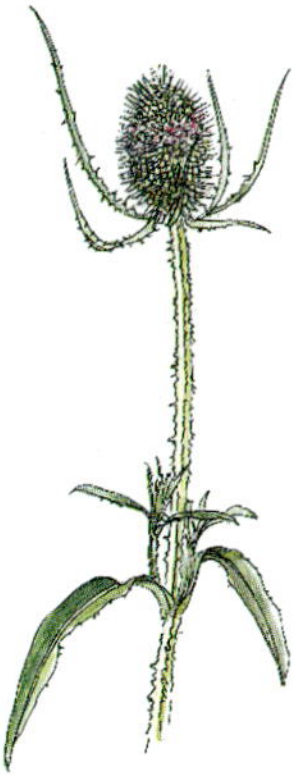

SK: Blätter gekerbt, am Rand kahl, seltener stachelig.

B: Blüten in einem eiförmigen Köpfchen. Stengel stachelig, kahl. Blätter sitzend, am Grund paarweise verwachsen.

SV: Unkrautbestände an Wegen, Böschungen und auf Schuttplätzen; auch an Waldrändern und in Gebüschen; liebt etwas steinigen, kalkhaltigen, stickstoffhaltigen Boden; häufig.

A: V; ⊙

Enthält das noch nicht näher erforschte Glycosid Scabiosid. Da die spitzen Hochblättchen im Blütenköpfchen biegsam sind, konnte die Wilde Karde nicht als Weber-Karde zum Aufkratzen der Stoffe verwendet werden.

Gemeiner Teufelsabbiß

Succísa praténsis
Kardengewächse
Dipsacáceae

Juli–September
30–110 cm

SK: Randblüten nicht größer als die inneren Blüten. Stengel unter den Blütenköpfchen anliegend behaart. Blätter ungeteilt.

B: Blüten in endständigen, halbkugeligen Köpfchen, meist dunkelblau, seltener dunkelblauviolett. Blätter gegenständig, eiförmig-lanzettlich.

SV: Nasse Wiesen, Flachmoore, Bergwiesen, lichte, feuchte Wälder; liebt schwach sauren, wenigstens zeitweise feuchten Boden; zerstreut.

A: V; ♃

Der Name Teufelsabbiß bezieht sich auf den Wurzelstock, der im Herbst wie abgebissen aussieht. Alte Heilpflanze. Enthält im Wurzelstock Saponine, Gerbstoffe und das Glycosid Scabiosid.

Fransen-Kleinenzian

Fransen-Enzian, Gefranster Enzian
Gentianélla ciliáta (Gentiána ciliáta)
Enziangewächse
Gentianáceae

August–Oktober
10–25 cm

SK: Zipfel der Blüte eingeschnitten gefranst.

B: Blüten meist einzeln, seltener mit blühenden Seitenästen. Stengel meist aufrecht, seltener niederliegend-aufgebogen. Blätter lineal, seltener länglich-lanzettlich, einnervig.

SV: Halbtrockenrasen, Wegraine, lichte Wälder, Gebüsche; liebt steinigen, lockeren Boden; etwas wärmeliebend; selten.

A: V; ⊙–♃; ▽

Der Fransen-Kleinenzian geht in den letzten Jahren anhaltend zurück. Das hat mit der Änderung der landwirtschaftlichen Nutzung von Halbtrokkenrasen zu tun. Er kann sich auf ihnen nur halten oder vermehren, wenn sie regelmäßig von Schafen beweidet werden.

Persischer Ehrenpreis

Großer Ehrenpreis
Verónica pérsica
Braunwurzgewächse
Scrophulariáceae

März–Dezember
10–40 cm

SK: Blüten einzeln blattachselständig, 8–12 mm im Durchmesser. Blätter herz-eiförmig, gekerbt. Kapsel 8–10 mm breit.

B: Blüten langgestielt, himmelblau mit gelblichweißem Schlund. Stengel meist niederliegend.

SV: Unkrautbestände auf Hackfruchtäckern, in Gärten und Weinbergen, seltener an Wegen und auf Schuttplätzen; liebt nährstoffreichen und etwas lehmigen Boden; sehr häufig.

A: V; ⊙–⊙

Ursprünglich war der Persische Ehrenpreis in Kleinasien beheimatet und wurde in Europa nur in botanischen Gärten gehalten. Im Jahre 1805 verwilderte er aus dem Botanischen Garten Karlsruhe.

Wald-Ehrenpreis

Echter Ehrenpreis
Verónica officinális
Braunwurzgewächse
Scrophulariáceae

Juni – August
15 – 30 cm

SK: Trauben. Blüten blaßblau, dunkler geadert. Kelch mit 4 Zipfeln. Blätter verkehrt-eiförmig.

B: Trauben aufrecht, blattachselständig. Stengel kriechend, an der Spitze aufsteigend. Blätter kurzgestielt, derb, gesägt.

SV: Heiden, magere Wiesen, Laubwälder, Mischwälder, Nadelwälder; liebt sandigen, sauren Lehmboden; zeigt oberflächliche Versauerung an; sehr häufig.

A: V; ♃; (☠)

Alte Heilpflanze. Enthält Aucubin, Gerbstoffe und einen Bitterstoff. Früher hat man Wald-Ehrenpreis gelegentlich als Heilpflanze verwendet; heute bevorzugt man andere Heilpflanzen, die wirksamere Drogen liefern.

Gamander-Ehrenpreis

Verónica chamaēdrys
Braunwurzgewächse
Scrophulariáceae

April–Juni
15–30 cm

SK: Haare am Stengel nur in zwei Reihen.

B: Lockere, blattachselständige Trauben (meist nur zwei). Blütenblätter leicht abfallend, blau mit dunkleren Adern. Stengel niederliegend oder aufsteigend. Blätter gegenständig, kurzgestielt, gekerbt, behaart.

SV: Wiesen, Laubwälder, Mischwälder, trockene Gebüsche. Wegränder; liebt lockeren, stickstoffhaltigen Boden; sehr häufig.

A: V; ♃; (☠)
Der Gamander-Ehrenpreis enthält das Glycosid Aucubin. – Beim Gamander-Ehrenpreis wird klar, warum man im Volksmund Ehrenpreis-Arten „Männertreu" genannt hat: Die Blütenkrone fällt schon bei leichtem Berühren ab.

Großer Ehrenpreis

Verónica austríaca
(V. teucrium)
Braunwurzgewächse
Scrophulariáceae

Mai–August
15–50 cm

SK: Traube. Stengel aufsteigend oder aufrecht. Blätter eiförmig bis lanzettlich, sitzend, höchstens die untersten etwas gestielt.

B: Blüten 1–1,3 cm im Durchmesser, azurblau. Blütenstiele behaart.

SV: Trockenrasen, Halbtrockenrasen, trockene Gebüsche, lichte Trockenwälder, Wegraine; liebt kalkhaltigen, tiefgründigen Boden; häufig.

A: V; ♃

Innerhalb der Sammel-Art *Verónica austríaca* werden mehrere Klein-Arten zusammengefaßt, deren Angehörige im Einzelfall nur schwer voneinander zu unterscheiden sind. Die Klein-Art *Verónica teucrium* ist die weitaus häufigste in Deutschland. Sie wurde beschrieben.

Gauchheil-Ehrenpreis

Wasser-Ehrenpreis
Verónica anagállis-aquática
Braunwurzgewächse
Scrophulariáceae

Juni–Oktober
15–50 cm

SK: Blätter spitz, halbstengelumfassend. Stengel vierkantig.

B: Gegenständige, blattachselständige Traube. Blüten dunkelblau, dunkler geadert. Stengel hohl oder markig. Blätter schwach gesägt.

SV: Röhricht fließender, seltener stehender Gewässer, Ufersäume; liebt schlammigen Boden; stickstoffliebend; zerstreut.

A: V; ♃

Der Gauchheil-Ehrenpreis tritt gelegentlich in Gräben auf, in denen er bisher nicht vertreten war. Derartiges ist möglich, weil die Samen von Wasservögeln, vor allem von Wildenten, verschleppt werden. Die Samen fallen aus den aufgeklappten Früchten leicht heraus.

Bach-Ehrenpreis

Quell-Ehrenpreis, Bachbunge
Verónica beccabúnga
Braunwurzgewächse
Scrophulariáceae

Mai–August
20–60 cm

SK: Blätter kurz gestielt, an der Spitze abgerundet. Stengel rund.

B: Lockere, blattachselständige Trauben. Blüten 4–9 mm im Durchmesser, tiefblau. Stengel aufsteigend bis aufrecht. Blätter kahl, glänzend.

SV: Röhricht fließender, seltener stehender Gewässer, Ufersäume, Bachbette. Quellen; liebt nicht zu langsam fließendes, nährstoffreiches Wasser und schlammigen Boden; häufig.

A: V; ♃; (☠)

Der Name Bachbunge enthält das althochdeutsche Wort „bungo" = Knolle. Er bezieht sich auf den knotigen Stengel und verweist auf den Standort der Pflanze. Alte Heilpflanze. Enthält Aucubin, Bitterstoff und Gerbstoffe.

Wasser-Minze

Méntha aquática
Lippenblütengewächse
Lamiáceae
(Labiátae)

Juli – Oktober
30 – 100 cm

SK: Pflanze mit endständigen Blüten in einem rundlichen Köpfchen. Blätter eiförmig.

B: Unter dem endständigen Blütenstand befinden sich meist noch ein oder zwei blattachselständige Scheinquirle. Stengel kantig. Blätter kreuzgegenständig, gesägt.

SV: Röhricht stehender und fließender Gewässer, Ufer, Gräben, nasse Wiesen und nasse Äcker; liebt etwas sauren, schlammigen Boden; kalkscheu; auf Äckern Nässezeiger; zerstreut.

A: V; ♃

Enthält ätherische Öle (Geruch) und Gerbstoff. Wurde früher wie Pfeffer-Minze, die ein Bastard der Wasser-Minze ist, verwendet, enthält aber weniger Menthol.

Roß-Minze

Méntha spicáta (M. longifólia)
Lippenblütengewächse
Lamiáceae
(Labiátae)

Juli–August
30–75 cm

SK: Stengel trägt eine kopfige Blütenähre. Pflanze dicht grauhaarig. Blätter 5–10 cm lang und 1,5–3 cm breit.

B: Blüten blaß rötlichviolett. Blätter gekreuzt-gegenständig, fast sitzend, länglich-lanzettlich.

SV: Ufer, Gräben, feuchte Wiesen, Bergwiesen, nasse Feldwege; liebt nassen, kalkhaltigen Boden; stickstoffliebend; häufig.

A: V; ♃

Die Roß-Minze bildet mit verwandten Arten häufig Bastarde, die sich nur sehr schwer bestimmen lassen. Enthält ätherisches Öl und Gerbstoffe. Die Pfeffer-Minze (*Méntha piperíta*) ist ein Bastard aus Wasser-Minze und Roß-Minze; sie enthält sehr viel Menthol.

Acker-Minze

Méntha arvénsis
Lippenblütengewächse
Lamiáceae
(Labiátae)

Juli–Oktober
15–50 cm

SK: Pflanze ohne endständige Blüten. Blüten in Quirlen blattachselständig. Blätter rundlich oder länglich, 3–8 cm lang.
B: Stengel vierkantig. Blätter kreuzgegenständig, gestielt. Pflanze riecht aromatisch.
SV: Ufer, Röhricht stehender und fließender Gewässer, Gräben, nasse Wiesen, nasse Äcker; liebt feuchten, stickstoffhaltigen Boden; häufig.
A: V; ♃
Die Pflanze enthält ätherische Öle (Geruch). Die Acker-Minze wurde früher als Heilpflanze verwendet, doch ist besondere Vorsicht geboten, wenn man sie sammelt: Es gibt einen giftigen Doppelgänger (Polei-Minze), dessen Blätter meist nur bis 2 cm lang werden.

Weide-Wegerich

Mittlerer Wegerich
Plantágo média
Wegerichgewächse
Plantagináceae

Mai–Juni
15–30 cm

SK: Stengel zwei- bis fünfmal so lang wie die Blütenähre. Blattfläche mindestens viermal so lang wie der Blattstiel.

B: Kurze, dichte Ähre, Blüten unscheinbar. Staubfäden rötlichviolett, lang. Blätter rosettig.

SV: Halbtrockenrasen, Wiesen, Weiden, Wege, Wegraine, Sportplätze; liebt nährstoffreichen, etwas kalkhaltigen Lehmboden; sehr häufig.

A: V; ♃

Alte Heilpflanze. Enthält Schleimstoffe. Der Mittlere Wegerich ist eine robuste „Trittpflanze". Dies liegt nicht nur daran, daß die Rosettenblätter dem Boden dicht aufliegen; die zähen „Blattadern" geben so viel Halt, daß die Blätter kaum abgetreten werden.

Wald-Akelei

Aquilégia vulgáris
Hahnenfußgewächse
Ranunculáceae

Juni–Juli
30–60 cm

SK: Keine Verwechslungsmöglichkeit mit anderen Gattungen.

B: Blüten langgestielt. Sporn verläuft gebogen in das hakige Ende. Blätter langgestielt, doppelt dreizählig, oberste Blätter sitzend.

SV: Trockenwälder, Laubwälder, Bergwiesen; liebt kalkhaltigen, mullreichen Boden; selten.

A: G; ♃; (☠); ▽

Die Blüten der Akelei werden vorwiegend von Hummeln bestäubt. Kurzrüßlige Hummeln und Bienen beißen oft den nektarführenden Sporn von außen an, um an den Honig zu kommen. Alte Heilpflanze. Die Gemeine Akelei ist durch ein Blausäure-Glycosid und einen noch nicht näher bekannten Stoff schwach giftig.

Wald-Storchschnabel

Gerânium sylváticum
Storchschnabelgewächse
Geraniáceae

Juni–Juli
30–60 cm

SK: Blüten 2–3 cm im Durchmesser. Blütenstiele auch nach dem Verblühen aufrecht.

B: Blüten zu zweien. Stengel aufrecht. Blätter groß, handförmig, siebenteilig oder siebenspaltig. Blattzipfel eingeschnitten gesägt.

SV: Auwälder, feuchte Laub- und Mischwälder, feuchte Bergwiesen und alpine Weiden (Lägerflur); liebt feuchten, lehmigen, humushaltigen Boden; zerstreut.

A: G; ♃

Der Wald-Storchschnabel enthält vor allem im Wurzelstock Gerbstoffe; arzneilich wurde er nicht genutzt. – Der deutsche Gattungsname bezieht sich auf die Form der Früchte. Sie ähneln dem Schnabel eines Storches.

Wiesen-Storchschnabel

Geránium praténse
Storchschnabelgewächse
Geraniáceae

Juni–September
30–60 cm

SK: Blüte 2,5–4 cm im Durchmesser. Blütenstiele nach dem Verblühen herabgebogen.

B: Blüten zu zweien. Stengel aufrecht. Blätter groß, handförmig, siebenspaltig oder siebenteilig.

SV: Wiesen aller Art; liebt tiefgründigen, kalkhaltigen Lehmboden; blüht oft nach der Mahd zum zweiten Male; häufig.

A: G; ♃

Beim Erblühen ist die Blüte erst aufrecht, dann waagrecht. Nach der Bestäubung krümmen sich die Blütenstiele abwärts. Oft kann man an ein und derselben Pflanze Blüten in verschiedenen Entwicklungsphasen und den dazugehörigen Stellungen beobachten.

Blauer Gauchheil

Anagállis fōemina
Primelgewächse
Primuláceae

Juni – September
10 – 20 cm

SK: Blüten einzeln in den Achseln von Blättern, um 5 mm im Durchmesser, innen blauviolett, außen blau. Die Blütenblätter überdecken sich nicht; ihr Rand ist deutlich gezähnt.

B: Die Blütenblätter sind an der Basis meist deutlich purpurrot überlaufen, so entsteht oft ein roter Ring im Innern der Blüte. Stengel niederliegend. Blätter gegenständig, 0,5 – 2 cm lang, schmal eiförmig.

SV: Unkrautbestände auf lehmigen, kalkhaltigen Äckern in warmen Lagen. Selten.

A: V; ⊙

Sehr selten kommen auch beim Acker-Gauchheil (s. S. 275) blaublütige Formen vor; bei ihnen sind indessen die Blütenblätter nie gezähnt.

Frühlings-Enzian

Gentiána vérna
Enziangewächse
Gentianáceae

März – Juni
3 – 15 cm

SK: Stengel einblütig. Zipfel der Blüte flach ausgebreitet. Pflanze mit nichtblühenden Trieben.
B: Blüten endständig, 1,8 – 3 cm im Durchmesser. Stengel aufrecht, mit 1 – 3 Paaren kleiner, gegenständiger Blätter. Grundblätter rosettig, ungleich groß, elliptisch bis lanzettlich.
SV: Halbtrockenrasen, trockene Wiesen, Bergwiesen; liebt kalkhaltigen, humusreichen, steinigen Lehmboden; selten; kommt an seinen Standorten meist in größeren Rudeln vor.
A: V; ♃; ▽
Der Frühlings-Enzian blüht in besonders warmen Jahren gelegentlich im Herbst (Juli – August) zum zweitenmal. Der Nektar in der Blütenröhre ist nur für langrüsselige Tagfalter erreichbar.

Lungen-Enzian

Gentiána pneumonánthe
Enziangewächse
Gentianáceae

Juli–September
15–40 cm

SK: Blüten meist endständig, aufrecht, außen mit 5 grünen Streifen.

B: 1–10 Blüten am Stengelende, seltener in den Achseln der oberen Blätter. Blätter gegenständig, lineal-lanzettlich, am Rande umgerollt.

SV: Riedgrasbestände, Flachmoore; liebt torfigen, im Sommer oftmals trockenen und etwas kalkhaltigen Boden; sehr selten.

A: V; ♃; ▽

Alte Heilpflanze. Enthält im Kraut und in der Wurzel Bitterstoffe. Der Lungen-Enzian ist in den letzten Jahrzehnten an vielen Stellen verschwunden, an denen er noch in der ersten Hälfte des Jahrhunderts vorgekommen ist. Man hat seine Standorte durch Trockenlegen vernichtet.

Kleines Immergrün

Wintergrün, Singrün
Vínca mínor
Hundsgiftgewächse
Apocynáceae

April–Mai
bis 60 cm

SK: Blüten einzeln, blattachselständig, Krone flach. Blütenzipfel schief gestutzt. Stengel kriechend, blühende Stengel aufsteigend. Stengel am Grunde verholzt.

B: Blütenzipfel flach, schief gestutzt. Blätter gegenständig elliptisch, lederig, immergrün.

SV: Laubwälder, Mischwälder, seltener in lichten Nadelforsten; liebt lockeren, etwas kalkhaltigen, lehmigen Boden; frostempfindlich; zerstreut.

A: V; ♃; (☠)
Häufig in Gärten und auf Friedhöfen angebaut. Die Pflanze vermehrt sich vor allem durch Ausläufer. Enthält Alkaloide (z. B. Vincamin und Vincristin). Vergiftungen sind meines Wissens bisher nicht bekannt geworden.

Bittersüßer Nachtschatten

Bittersüß
Solánum dulcamára
Nachtschattengewächse
Solanáceae

Juni – August
bis 3 m

SK: Blüte ähnlich der einer Kartoffel.

B: Blüten in Doldentrauben. Stengel nur unten holzig, aufrecht, aufsteigend, auch liegend oder windend. Blätter eiförmig, kahl, oft eingeschnitten gelappt. Blütenblätter riechen etwas nach Mäusen. Beeren rot.

SV: Au- und Bruchwälder, Unkrautbestände an Ufern und auf Schuttplätzen. Liebt feuchten, stickstoffhaltigen Boden; zerstreut.

A: V; ♄; ☠

In der Art gibt es 3 verschiedene Rassen, die sich in den Inhaltsstoffen voneinander unterscheiden. Bei einer Rasse ist das Hauptalkaloid Soladulcidin, bei einer Tomatidenol und bei der dritten schließlich Solasodin.

Acker-Vergißmeinnicht

Myosótis arvénsis
(Myosótis intermédia)
Borretschgewächse
Boragináceae

Mai–August
20–40 cm

SK: Blüten 4–6 mm im Durchmesser. Blütenstiele aufrecht abstehend, zur Blütezeit 1–2 mm lang. Stiel der Frucht zwei- bis dreimal so lang wie der Kelch. Fruchtstand etwa so lang wie der übrige Teil des Stengels.

B: Blütenstand traubig, vielblütig. Stengel rund, aufrecht, ästig. Grundblätter verkehrt-eiförmig, gestielt, rosettig, graugün.

SV: Unkrautbestände auf Äckern und auf Feldwegen; liebt lehmigen Boden; etwas kalkscheu; zeigt leichte Versauerung an; häufig.

A: V; ⊙; ⊙

Ein Teil der Samen keimt im Sommer. Aus dem Keimling wächst eine Rosette, die überwintert und im Sommer blüht.

Wald-Vergißmeinnicht

Myosótis sylvática
Borretschgewächse
Boragináceae

Mai – Juli
15 – 50 cm

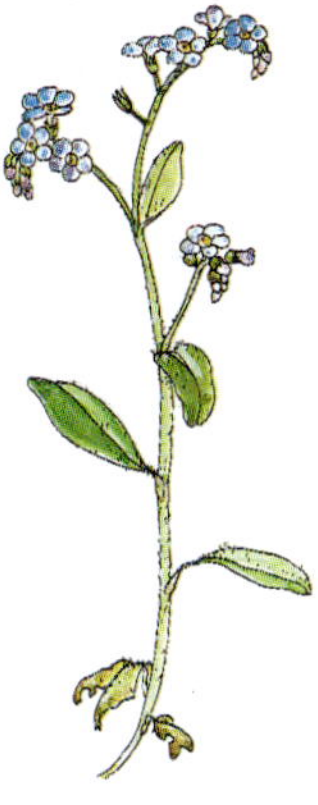

SK: Blüten 6 – 10 mm im Durchmesser.
B: Blütenstand traubig, Kelch abstehend behaart. Blätter lanzettlich, ganzrandig, rauhhaarig.
SV: Laubwälder, Mischwälder, Nadelforste, Auwälder, Bergwiesen, alpine Matten; liebt mullhaltigen, feuchten Lehmboden; zerstreut.
A: V; ♃

Blütenknospen oft zartrosa. Der während der Blütenentwicklung zu beobachtende Farbwechsel von rosa bis blau hängt mit einem Wechsel des Säuregrads in den Blütenblattzellen zusammen. In den blauen Blüten, in deren ringförmigem Saftmal man eine Iris erblickte, sah man offensichtlich das Auge des (der) Geliebten, der (die) einen nicht vergessen sollte.

Dunkles Lungenkraut

Gebräuchliches Lungenkraut
Pulmonária obscúra
Borretschgewächse
Boragináceae

März – April
15 – 30 cm

SK: Blätter am Grunde herzförmig oder abgerundet, gestielt, oft gefleckt.

B: Trugdolde. Schlüsselblumenähnliche Blüten. Stengel oben rauh. Mehrere ähnliche, schwer unterscheidbare, seltenere Arten.

SV: Laubwälder, Mischwälder, trockene Gebüsche; liebt mullreichen, kalkhaltigen, lockeren Boden; selten; kommt an seinen Standorten meist häufig vor.

A: V; ♃

Die Blüten des Echten Lungenkrauts wechseln die Farbe von rot nach blauviolett. Diese Art faßt man mit einer Sippe, die sich durch gefleckte Blätter auszeichnet, als Sammelart „Echtes Lungenkraut“ (*Pulmonária officinális*) zusammen.

Rotblauer Steinsame

Buglossoídes purpúrocaerúlea
(Lithospérmum purpúreo-coerúleum)
Borretschgewächse
Boragináceae

April – Juni
10 – 50 cm

SK: Blüten erst rot, dann blau, 1 – 1,5 cm im Durchmesser.

B: Blätter lanzettlich, spitz, rauhhaarig.

SV: Laubwälder, Trockenwälder, trockene Gebüsche; liebt lockeren, humusreichen, kalkhaltigen Boden; wärmeliebend; selten, kommt an seinen Standorten meist in größeren Rudeln vor.

A: V; ♃

Die Blüten des Rotblauen Steinsamens blühen rot auf und verblühen blau. Die Änderung der Blütenfarbe hängt mit dem Altern und dem hierdurch geänderten Säuregrad im Zellsaft zusammen. In jungen Blüten reagiert der Zellsaft sauer, in älteren basisch. Insekten befliegen meist rote Blüten.

Schwarze Teufelskralle

Phyteuma nígrum
Glockenblumengewächse
Campanuláceae

Mai–Juli
20–80 cm

SK: Blüten in walzlicher Ähre, dunkel violett, vor dem Aufblühen krallenartig gekrümmt.

B: Hüllblätter meist kürzer als die Ähre. Grundblätter doppelt so lang wie breit.

SV: Braucht nährstoffreiche, eher kalkarme Lehmböden. In Wäldern und auf Bergwiesen der Mittelgebirge. Zerstreut.

A: V; ♃

Die Schwarze Teufelskralle gehört zu den wenigen Arten unserer Flora, die nur in Mitteleuropa vorkommen. An Unterelbe und Wesermündung erreicht sie ihre Nordgrenze, zwischen Ardennen und Vogesen die Westgrenze, am Hochrhein die Südgrenze und in Niederösterreich die Ostgrenze.

Kopfige Teufelskralle

Kugelförmige Rapunzel
Phyteūma orbiculáre
Glockenblumengewächse
Campanuláceae

Mai–September
15–50 cm

SK: Köpfchen kugelig, tiefblau.

B: Blütenknospen krallenartig gebogen. Stengel zerstreut beblättert. Blätter gekerbt-gesägt.

SV: Halbtrockenrasen, Bergwiesen; liebt lockeren, etwas steinigen, kalkhaltigen Boden; etwas wärmeliebend; kommt aber gelegentlich auch auf Moorböden vor; selten.

A: V; ♃

Die Teufelskrallen setzen den Blütenstaub schon in den Knospen frei. Er wird dann vom behaarten Griffel, der zu der Zeit noch nicht „empfänglich" ist, nach außen geschoben. Wird er von Insekten auf andere Blüten gebracht, deren Griffel schon „empfänglich" ist, kommt es zur erwünschten Fremdbestäubung.

Wiesen-Glockenblume

Campánula pátula
Glockenblumengewächse
Campanuláceae

Mai–Juli
30–60 cm

SK: Blüten in armblütigen Rispen, 1,2–2,5 cm lang. Zipfel ausgebreitet, blauviolett.

B: Blüten bis zur Mitte gespalten. Grundblätter länglich-eiförmig, gekerbt.

SV: Feuchte Wiesen, Waldlichtungen; liebt feuchten, sandigen oder lehmigen Boden; häufig.

A: V; ⊙; ⊙

Die Wiesen-Glockenblume gehört zu den typischen Arten der Glatthaferwiese, einer vom Menschen geschaffenen Gesellschaft und einer der wertvollsten Wirtschaftswiesen in Europa, in der Pflanzen unterschiedlicher Herkunft zusammen vorkommen. So stammt z. B. die Wiesen-Glockenblume wahrscheinlich aus den südosteuropäischen Steppen.

Rundblättrige Glockenblume

Campánula rotundifólia
Glockenblumengewächse
Campanuláceae

Juni–September
15–50 cm

SK: Blüten in armblütigen Rispen, glockig. Stengelblätter schmallanzettlich, ganzrandig.

B: Blüten meist nickend, 1,5–2 cm lang, nur bis auf ein Drittel der Länge in Zipfel zerteilt. Stengel am Grund feinflaumig. Grundblätter langgestielt, nierenförmig, rundlich oder herz-eiförmig.

SV: Wiesen, Heiden, Halbtrockenrasen, lichte Wälder; liebt etwas sandigen Boden; etwas kalkscheu; sehr häufig.

A: V; ♃

Die Rundblättrige Glockenblume kann ihre Wurzeln bis über 1 m in den Boden absenken. Dadurch bekommt sie auf trockenem Untergrund, wie z. B. auf Abstellgleisen, noch Lebensmöglichkeit.

Büschel-Glockenblume

Knäuel-Glockenblume
Campánula glomeráta
Glockenblumengewächse
Campanuláceae

Mai–September
15–70 cm

SK: Blüten sitzen in einem knäueligen Köpfchen; untere Stengelblätter am Grund abgerundet oder herzförmig. Pflanze weichhaarig.

B: Blüten 1,5–3 cm lang. Stengel einfach, aufrecht. Ähnlich: Borstige Glockenblume *(Campánula cervicária):* Untere Stengelblätter nicht abgerundet. Pflanze stechend steifhaarig. Gebüsche, Wiesen; selten.

SV: Halbtrockenrasen, Wiesen; liebt lockeren, oft steinigen Lehmboden; kalkliebend; häufig.

A: V; ♃

Bei den Glockenblumen-Arten wird die Fremdbestäubung u.a. dadurch gesichert, daß die Staubgefäße sich entleert haben, ehe die Narbe derselben Blüte empfängnisfähig ist.

Pfirsichblättrige Glockenblume

Campánula persicifólia
Glockenblumengewächse
Campanuláceae

Juni–Juli
70–120 cm

SK: Einseitswendige, armblütige Traube. Blüten 2,5–4 cm im Durchmesser. Stengelblätter lineal, höchstens 1 cm breit.

B: Blüten weitglockig, himmelblau. Untere Blätter klein gesägt, länglich-eiförmig.

SV: Trockenwälder, trockene Gebüsche, Laubwälder, Mischwälder, Waldränder; liebt lockeren, nährstoffreichen, mullreichen Boden; kalkliebend; wärmeliebend; zerstreut.

A: V; ♃

Die weit geöffneten, großen Blüten werden von ganz unterschiedlichen Insekten besucht. Sie finden in ihnen auch Nektar, und zwar am Blütengrund. Im Blüteninnern nimmt der Duft zum Blütengrund hin zu.

Acker-Glockenblume

Rapunzelartige Glockenblume
Campánula rapunculoídes
Glockenblumengewächse
Campanuláceae

Juni – August
30 – 60 cm

SK: Einseitswendige, reichblütige Traube. Stengelblätter herz-eiförmig bis eilänglich, kurzgestielt, oft etwas nach unten gebogen.

B: Blüten 2 – 3,5 cm lang, an den Zipfeln bewimpert, hellviolett. Grundblätter früh verwelkt.

SV: Unkrautbestände auf Äckern, an Wegen, in Gebüschen und an Waldrändern; liebt kalkhaltigen, tiefgründigen Lehmboden; etwas stickstoffliebend; zerstreut.

A: V; ♃

Die Acker-Glockenblume war ursprünglich eine Pflanze lichter Wälder. Als der Mensch die Kulturlandschaft schuf, fand sie neue Standorte auf den Äckern, die sie jetzt wieder zu verlieren droht.

Nesselblättrige Glockenblume

Campánula trachélium
Glockenblumengewächse
Campanuláceae

Juli–August
50–100 cm

SK: Allseitswendige Traube. Stengel behaart. Untere Stengelblätter herzförmig, langgestielt.

B: Traube beblättert, Blüten 3,5–4,5 cm lang, an den Zipfeln bewimpert. Blätter grob doppelt gesägt, steifhaarig. Obere Blätter sitzend.

SV: Laubwälder, Mischwälder, seltener Nadelwälder, Schluchtwälder, Auwälder; liebt lockeren, oft etwas steinigen, aber mullhaltigen und meist etwas feuchten Lehmboden; häufig.

A: V; ♃

Die Nesselblättrige Glockenblume gedeiht auf solchen Böden am besten, in denen sie Stickstoffsalze als Nitrat und nicht als Ammoniumsalz angeboten bekommt. Damit zeigt sie gute Streuzersetzung im Boden an.

Echte Küchenschelle

Gewöhnliche Kuhschelle
Pulsatílla vulgáris
Hahnenfußgewächse
Ranunculáceae

März – Mai
5 – 40 cm

SK: Blüten mehr oder weniger aufrecht, glockig geöffnet. Blätter zwei- bis dreifach gefiedert, zur Blütezeit erst in der Entwicklung.

B: Blüten einzeln, blau- oder rotviolett. Am Blütenstiel vielzipfliger Hochblattquirl.

SV: Trocken- und Halbtrockenrasen, seltener trokkene, lichte Gebüsche und Trockenwälder, an Südhängen; kalk- und wärmeliebend; selten.

A: G; ♃; ☠; ▽

Der deutsche Name war wohl ursprünglich Kuhschelle. Aus ihm ist erst die Verkleinerungsform „Kühchenschelle" entstanden. Die Blüte der Echten Küchenschelle nickt oft bei trübem Wetter. Enthält Protoanemonin und Anemonin und ist dadurch giftig. Alte Heilpflanze.

Dreilappiges Leberblümchen

Märzblümchen
Hepática nóbilis
Hahnenfußgewächse
Ranunculáceae

März–Mai
8–25 cm

SK: Keine Verwechslungsmöglichkeit.

B: Blüten bis 4 cm im Durchmesser. 6–10 leicht abfallende Blütenblätter. Blätter grundständig, dreilappig. Teilblättchen ganzrandig.

SV: Laubwälder; liebt etwas feuchte, kalkreiche, lehmige, aber mullreiche Böden; selten; kommt an ihren Standorten meist in größeren Beständen vor.

A: G; ♃; (☠); ▽

Die Blüten des Leberblümchens nicken gegen Abend und bei Regenwetter und schließen sich dann. Während der achttägigen Blütezeit wachsen die Blütenblätter auf das Doppelte ihrer ursprünglichen Länge. Die Samen werden von Ameisen verbreitet.

Berg-Aster

Kalk-Aster
Áster naméllus
Korbblütengewächse
Asteráceae (Compósitae)

Juli–September
20–60 cm

SK: Blüten in Körbchen. Außen eine Reihe violetter Zungenblüten, innen gelbe Röhrenblüten. Äste mit einem Körbchen. Blätter gezähnt (unten) oder ganzrandig, behaart.

B: Körbchen trugdoldig angeordnet, 3–5 cm im Durchmesser. Stengel aufrecht, oben ästig.

SV: Trockenrasen, Halbtrockenrasen, lichte, trokkene Gebüsche, Trockenwälder; liebt flachgründigen, kalkhaltigen Boden; selten; kommt an ihren Standorten meist in Rudeln vor.

A: V; ♃

Der wissenschaftliche Gattungsname ist von dem lateinischen Wort astrum = Gestirn, Stern, abgeleitet und bezieht sich auf die sternstrahlige Anordnung der Zungenblüten im Körbchen.

Berg-Flockenblume

Centāurea montána
Korbblütengewächse
Asteráceae
(Compósitae)

Mai–Oktober
30–60 cm

SK: Blüten in großen, einzelnen Körbchen. Nur Röhrenblüten. Blätter mindestens 1 cm breit, am Stengel herablaufend.

B: Hüllblätter schwarzrandig, gefranst. Innere Röhrenblüten violett.

SV: Schluchtwälder, Bergwälder, Laubwälder, Mischwälder (besonders an lichten Stellen), Bergwiesen; liebt humusreichen, kalkhaltigen Boden; selten, tritt meist in Gruppen auf.

A: V; ♃

Die Berg-Flockenblume hat ihren Schwerpunkt in Wäldern mit hoher Luftfeuchtigkeit und guter Wasserversorgung. Daher kann man sie auf Bergwiesen geradezu als Zeigerpflanze für gute Wasserversorgung des Standorts ansehen.

Kornblume

Centāurea cýanus
Korbblütengewächse
Asteráceae
(Compósitae)

Juli–Oktober
30–90 cm

SK: Blüten in großen, einzelnen Körbchen. Nur Röhrenblüten. Blätter höchstens 5 mm breit, wechselständig.

B: Stengel aufrecht, Blätter nicht herablaufend.

SV: Unkrautbestände auf Getreideäckern, seltener auch auf alten Kompostlagerstätten und auf Schuttplätzen oder an Wegen; liebt nährstoffreichen Boden; selten; geht stark zurück.

A: V; ⊙

Bei der Kornblume ist augenscheinlich, daß bei den Korbblütengewächsen das Körbchen die Insekten anlockt. Die Randblüten sind vergrößert, doch unfruchtbar. Nur die Röhrenblüten im Innern des Körbchens setzen Früchte an. Diese werden durch Ameisen verschleppt.

Acker-Kratzdistel

Círsium arvénse
Korbblütengewächse
Asteráceae
(Compósitae)

Juli – September
60 – 130 cm

SK: Blüten in 1 – 1,5 cm breiten, rispig angeordneten Körbchen. Nur Röhrenblüten. Fruchtknoten mit langen, gefiederten Haaren (Lupe!). Stengel stark verästelt, mit nichtblühenden Zweigen. Blätter stachelig.

B: Blätter etwas herablaufend, länglich-lanzettlich, ungeteilt oder buchtig-fiederspaltig, am Rande meist gewellt.

SV: Unkrautbestände auf Äckern, in Gärten und Weinbergen, auch an Wegen und auf Schuttplätzen; liebt lehmigen Boden; sehr häufig.

A: V; ♃

Die Acker-Kratzdistel war ursprünglich eine Pflanze lichter Wälder oder der Flußufer, ehe sie Ackerunkraut wurde.

Gemeine Wegwarte

Wilde Zichorie
Cichórium íntybus
Korbblütengewächse
Asteráceae (Compósitae)

Juli–August
30–130 cm

SK: Blüten in großen Körbchen. Nur Zungenblüten. Fruchtknoten meist ohne deutlich sichtbare Haarkrone. Stengel stark ästig.

B: Stengel geknickt, sparrig. Untere Blätter schrotsägeförmig, obere länglich, stengelumfassend.

SV: Unkrautbestände an Wegen, auf Schuttplätzen, auf Bahnschotter, an Wegrainen, seltener auf oder an Äckern; auf Böden unterschiedlicher Art; stickstoffliebend; sehr häufig.

A: V; ♃

Die Blüten der Gemeinen Wegwarte öffnen sich etwa um 6 Uhr und schließen sich gegen 12 Uhr. Aus der Wurzel wird seit dem 17. Jahrhundert Zichorie hergestellt. Alte Heilpflanze, die Bitterstoffe enthält.

Kleines Träubel

Kleine Traubenhyazinthe
Múscari botryoídes
Hyazinthengewächse
Hyacintháceae

April – Mai
10 – 30 cm

SK: 2 – 3 Blätter.

B: Blüten in dichter Traube, kugelig, mit weißem Saum, geruchlos. Blätter steif aufrecht, 5–10 mm breit, nach oben breiter werdend.

SV: Bergwiesen, Gebüsche und lichte Wälder; liebt kalkhaltigen Lehmboden; zerstreut; kommt an ihren Standorten in Süddeutschland oft in ausgedehnten Beständen vor.

A: M; ♃; ▽

Bestäubende Insekten werden durch die Gesamtwirkung des Blütenstandes angelockt. So wird verständlich, daß die oberen Blüten steril sind. Nektar wird vom Fruchtknoten abgeschieden. Anbohrbares Gewebe scheint keinen Nektar zu liefern. Bestäuber sind Bienen.

Zweiblättriger Blaustern

Meerzwiebel, Sternhyazinthe
Scílla bifólia
Hyazinthengewächse
Hyacintháceae

März – April
10 – 20 cm

SK: Keine Verwechslungsmöglichkeit.

B: Blütentraube zwei- bis achtblütig. Stengel rund. Meist nur 2 Blätter. Zwiebel.

SV: Buchenwälder, Laubmischwälder und Auwälder; gelegentlich auch am Waldrand auf feuchten Wiesen; liebt nährstoff-, besonders kalkreichen, feuchten und humosen Boden; wärmeliebend; selten; kommt an seinen Standorten meistens in Rudeln vor.

A: M; ♃; ▽

Die Samen des Blausterns werden durch Ameisen verschleppt. – Mancherorts weicht die Zahl der Blüten pro Blütenstand von der Norm ab. Unter guten Bedingungen werden bis zu 12, selten noch mehr Blüten ausgebildet.

Violetter Safran

Violetter Krokus
Crócus neapolitánus
Schwertliliengewächse
Iridáceae

März – April
8 – 15 cm

SK: Blütenblätter nur zwei- bis dreimal länger als breit.

B: Blüten im Schlund dicht behaart, vor den Blättern erscheinend. Narben überragen die Spitzen der Staubbeutel. Blätter erscheinen nach der Blüte. Sproßknolle.

SV: Bergwiesen; meist ursprünglich angepflanzt und aus den Kulturstandorten verwildert; bekanntes Beispiel: Burg Zavelstein im Schwarzwald, die alljährlich zur Krokusblüte von Zehntausenden von Besuchern aufgesucht wird.

A: M; ♃; ▽

Wie der nahverwandte Weiße Krokus besitzt auch der Violette Krokus Knollen, die durch Zugwurzeln in die richtige Tiefe gezogen werden.

Feld-Rittersporn

Acker-Rittersporn
Consólida regális
Hahnenfußgewächse
Ranunculáceae

Mai – September
10 – 50 cm

SK: Keine Verwechslungsmöglichkeit.

B: Wenigblütige Traube. Blüte langgespornt, langgestielt. Stengel stark ästig. Blätter in Zipfel gespalten.

SV: Unkrautbestände vor allem auf Getreideäckern, seltener auf Kompostlagerstätten; liebt lehmigen Kalkboden; selten; geht stark zurück.

A: G; ⊙; (☠)
Die Blüte des Feld-Rittersporns wird von Schmetterlingen und Hummeln bestäubt. Der lateinische Gattungsname verweist auf die frühere Verwendung des Rittersporns als Heilpflanze (consolidare = festmachen) und bedeutet wohl: Heile zusammen. Enthält in geringer Menge Alkaloide und ist deshalb schwach giftig.

Blauer Eisenhut

Echter Sturmhut, Venuswagen
Aconítum napéllus
Hahnenfußgewächse
Ranunculáceae

Juni–August
50–180 cm

SK: Helm nicht höher als breit, außen behaart.

B: Dichte, endständige Blütentraube. Blüte besteht aus den gefärbten Kelchblättern. Blütenblätter in Honigblätter umgewandelt, die sich im Innern des Helms befinden. Stengel aufrecht. Blätter gestielt, fünf- bis siebenteilig, Zipfel schmal-lineal.

SV: Höher gelegene Bruchwälder, Bachufer und Quellfluren, feuchte alpine Viehweiden (Lägerflur); liebt lockeren, humusreichen und gut durchfeuchteten Boden; kalkliebend; Stickstoffzeiger; selten; nur in den höheren Mittelgebirgen und in den Alpen.

A: G; ♃; ☠; ▽
Enthält reichlich Alkaloide. Heilpflanze.

Persischer Klee

Trifólium resupinátum
Schmetterlingsblütengewächse
Fabáceae
(Leguminósae)

April – September
10 – 30 cm

SK: Schmetterlingsblüte steht „auf dem Kopf". Fahne nach unten und Schiffchen nach oben gerichtet.

B: Blütenfarbe weiß-violett, rosa-violett oder purpur-violett. Blüten duften auffallend nach Honig. Stengel niederliegend oder aufsteigend, nie wurzelnd. Fiederblätter fein gezähnt.

SV: Wegränder, Raine, Schuttplätze. Liebt nährstoffreichen Boden; braucht Wärme; zerstreut.

A: G; ⊙

Der Persische Klee wurde in den letzten Jahren in einer Rasse gezüchtet, die im mitteleuropäischen Klima gedeiht und landwirtschaftlich allmählich die Rolle der Luzerne übernimmt. Von Kulturstandorten verwildert die Pflanze häufig.

Zaun-Wicke

Vícia sépium
Schmetterlingsblütengewächse
Fabáceae
(Leguminósae)

Mai – August
30 – 60 cm

SK: Blüten zu 2 – 5 cm in den Blattachseln. Staubblätter röhrig verwachsen. Röhre mit schiefem Rand. Blätter gefiedert, mit 8 – 16 Teilblättchen.

B: Stengel mit Hilfe der Blattranken klimmend. Ranke gefiedert.

SV: Wiesen, Wegraine, Unkrautbestände auf Äkkern, Laub- und Mischwälder, Gebüsche; meist auf Lehmboden; etwas stickstoffliebend; sehr häufig.

A: G; ♃

Die Zaun-Wicke scheidet auf der Unterseite ihrer Nebenblätter Nektar ab. Ameisen lecken ihn auf. Deshalb sieht man sie häufig an den Stengeln und an der Basis der Blätter. Wegen des hohen Eiweißgehaltes wertvolles Futterkraut.

Vogel-Wicke

Vícia crácca
Schmetterlingsblütengewächse
Fabáceae
(Leguminósae)

Juni – August
30 – 150 cm

SK: 5–30 Blüten (8–11 mm lang) in langgestielter Traube, blauviolett. Traube so lang wie ihr Tragblatt oder länger. Staubblätter röhrig verwachsen. Röhre mit schiefem Rand. Blätter gefiedert, mit 16–20 Teilblättchen.

B: Stengel klimmt mit Hilfe der Blattranken, dünn, angedrückt weichhaarig. Teilblättchen länglich-lanzettlich. Ranke gefiedert.

SV: Wiesen, Gebüsche, Waldränder, Unkrautbestände auf Getreideäckern; liebt tiefgründigen, stickstoffhaltigen Lehmboden; häufig.

A: G; ♃

Der Name ist herabsetzend gemeint. Die Vogel-Wicke ist die für Menschen nicht genießbare, den Vögeln überlassene Wicke.

Berg-Platterbse

Láthyrus linifólius (L. montánus)
Schmetterlingsblütengewächse
Fabáceae
(Leguminósae)

April – Juni
15 – 40 cm

SK: Lockere Traube. 2 – 5 Blüten. Blüte 11 – 22 cm lang, zuerst rot, dann schmutzig blau. Staubblätter röhrig verwachsen. Röhre mit geradem Rand. Stengel geflügelt. Blätter gefiedert mit 4 – 6 Teilblättchen, unterseits blaugrün.

B: Teilblättchen länglich-lanzettlich, kahl.

SV: Laubwälder, Mischwälder, Nadelforste, Heiden und magere Bergwiesen; liebt sandigen oder lehmigen, nährstoffarmen, doch humosen Boden; kalkscheu; häufig.

A: G; ♃

Der Name Platterbse bezieht sich auf die abgeplatteten Samen. Die Verfärbung der Blüten wird durch einen Wechsel im Säuregrad des Zellsaftes hervorgerufen.

Bitteres Kreuzblümchen

Polýgala amára
Kreuzblümchengewächse
Polygaláceae

Mai – Juni
5 – 15 cm

SK: Blätter schmecken beim Kauen bitter.

B: Reichblütige Traube. Blüten meist blau bis blaßblau, seltener rötlich. Stengel aufsteigend bis aufrecht. Untere Blätter rosettig, verkehrt-eiförmig, größer als die länglich-keilförmigen Stengelblätter.

SV: Halbtrockenrasen und feuchte Wiesen; liebt winterfeuchte, aber sommertrockene, kalkhaltige Böden; zerstreut.

A: G; ♃

Das Bittere Kreuzblümchen enthält reichlich Saponine und Polygalasäure. Alte Heilpflanze. Früher oftmals verfüttert, um die Milchleistung der Kühe zu steigern („polygala", griech., bedeutet „viel Milch").

Gemeines Kreuzblümchen

Wiesen-Kreuzblume
Polýgala vulgáris
Kreuzblümchengewächse
Polygaláceae

Mai–August
15–25 cm

SK: Tragblätter kürzer als die Blüten. Die Tragblätter überragen den Blütenstand kurz vor dem Öffnen der Blüten nicht.

B: Lockere, vielblütige Traube, Blüten meist blau, seltener rot. Stengel aufrecht oder aufsteigend. Blätter wechselständig, obere schmallanzettlich, untere kleiner, elliptisch.

SV: Wiesen, Bergwiesen; liebt humusreichen, aber etwas sandigen Boden; kalkscheu; zeigt Oberflächenversauerung an; zerstreut.

A: G; ♃

„Polygala" bedeutet „viel Milch". Im Altertum glaubte man, daß Rinder, die die Kreuzblume fressen, mehr Milch gäben. Die Pflanze enthält Saponine.

Wald-Veilchen

Víola reichenbachiána
(Víola silvéstris)
Veilchengewächse
Violáceae

April – Mai
3 – 20 cm

SK: Blütenstiel beblättert. Grundständige Blätter vorhanden. Blätter herzförmig. Nebenblätter lang gefranst. Pflanze kahl.

B: Blüten einzeln in den Achseln der Stengelblätter. Stengel liegend oder aufsteigend. Blätter gekerbt. Vorwiegend nach Länge und Farbe des Sporns werden zwei Unterarten unterschieden, die oft auch als eigene Arten angesehen werden: *ssp. silvéstris:* Sporn violett, 5 – 6 mm lang, *ssp. riviniána:* Sporn weißlich, 3 – 4 mm lang.

SV: Laubwälder, Mischwälder, Nadelforste, Auwälder; liebt humushaltigen Boden; häufig.

A: G; ♃

Die Samen des Wald-Veilchens werden durch Ameisen verschleppt.

Rauhes Veilchen

Víola hírta
Veilchengewächse
Violáceae

April–Mai
bis 10 cm

SK: Blüten geruchlos, blaßviolett. Alle Blätter grundständig, mindestens schwach behaart. Nebenblätter ganzrandig oder nur kurz gefranst, aber nicht bewimpert.

B: Blütenstiele entspringen aus den Achseln der grundständigen Blätter. Sporn dünn. Blätter länglich-eiförmig, am Grunde herzförmig, gekerbt.

SV: Trockene Gebüsche, Trockenwälder; liebt sehr lockeren, kalkhaltigen Boden; häufig.

A: G; ♃

Die Samen des Rauhen Veilchens werden durch Ameisen verschleppt. Sie besitzen ölreiche Anhängsel, die von Ameisen als Futter geschätzt werden. Macht man sie weg, interessieren sich die Ameisen nicht mehr für die Samen.

März-Veilchen

Wohlriechendes Veilchen
Víola odoráta
Veilchengewächse
Violáceae

März – April
1 – 10 cm

SK: Blüten duften, dunkelviolett. Alle Blätter grundständig, mindestens schwach behaart. Nebenblätter breit-eiförmig, bis 4 mm breit, ganzrandig oder nur kurz gefranst.

B: Blütenstiele entspringen der Blattrosette, Sporn der Blüte lang. Blätter breit eiförmig bis nierenförmig, gekerbt; Pflanze mit Ausläufern.

SV: Trockene Gebüsche, Trockenwälder, Wegraine; liebt nährstoffreichen, etwas stickstoffhaltigen Boden; zerstreut; besonders an Wegen in Ortsnähe oft verwildert.

A: G; ♃

Die Samen des Wohlriechenden Veilchens werden durch Ameisen verschleppt. Alte Heilpflanze. Enthält in der Wurzel Saponine.

Tauben-Skabiose

Tauben-Grindkraut
Scabiósa columbária
Kardengewächse
Dipsacáceae

Juni–Oktober
30–60 cm

SK: Randblüten größer als die inneren Blüten. Im Blütenköpfchen schwarz-braune Borsten (Kelche). Stengel unter dem Blütenköpfchen anliegend behaart. Blätter fiederteilig.

B: Blüten in endständigen Köpfchen, blauviolett. Untere Stengelblätter leierförmig, obere schwach fiederteilig.

SV: Halbtrockenrasen, auch an Wegrainen; liebt kalkhaltigen, trockenen Lehmboden; häufig.

A: V; ⊙–♃

Der wissenschaftliche und der deutsche Gattungsname verweisen auf die frühere Verwendung der Pflanze als Heilmittel gegen Krätze (lat. scabies = Grind). Die Tauben-Skabiose enthält das Glycosid Scabiosid.

Acker-Witwenblume

Acker-Skabiose
Knautia arvénsis
Kardengewächse
Dipsacáceae

Juli – August
30 – 70 cm

SK: Stengel unter dem Blütenköpfchen abstehend behaart. Wenigstens die oberen Blätter fiederteilig.

B: Blüten in endständigen Köpfchen. Randblüten meist größer als innere Blüten, meist blauviolett. Blätter gegenständig, graugrün.

SV: Wiesen, Halbtrockenrasen, Wegraine, gelegentlich auch in Unkrautbeständen auf Äckern; liebt kalkhaltige Lehmböden; sehr häufig.

A: V; ♃

Alte Heilpflanze. Enthält Gerbstoffe und einen Bitterstoff. – Ehe der Mensch die Kulturlandschaft schuf, war die Acker-Witwenblume wohl eine Pflanze der Waldsäume und trockener, lichter Gebüsche.

Wald-Witwenblume

Wald-Skabiose, Knautie
Knāutia dipsacifólia
Kardengewächse
Dipsacáceae

Juni – September
30 – 130 cm

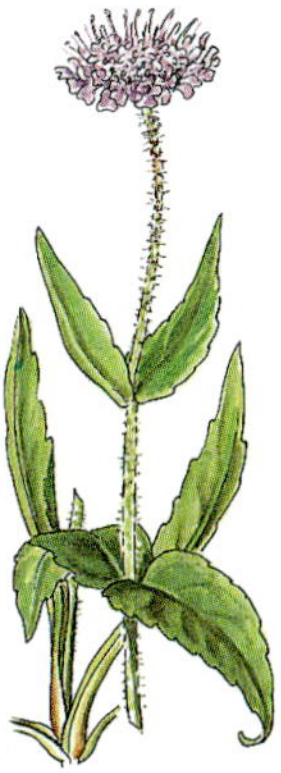

SK: Stengel unter dem Blütenköpfchen abstehend behaart. Blätter ungeteilt.

B: Blüten in endständigen Köpfchen. Randblüten wenig größer als die inneren Blüten, rotviolett. Blätter elliptisch-lanzettlich oder breit-eiförmig.

SV: Bergwälder, Schluchtwälder, Auwälder, Laubwälder, Mischwälder; liebt nährstoffreichen, feuchten Lehmboden; zerstreut.

A: V; ♃

Die vergrößerten Randblüten zeigen deutlich, daß bei den Witwenblumen der Blütenstand als Ganzes die bestäubenden Insekten anlockt. Als Bestäuber spielen Falter und Bienen die Hauptrolle, doch kommen daneben auch Fliegen und Käfer in Betracht.

Blauer Natternkopf

Échium vulgáre
Borretschgewächse
Boragináceae

Juni – September
30 – 120 cm

SK: Keine Verwechslungsmöglichkeit.

B: Blüten locker, beblättert. Blüte erst rötlich, dann blau, trichterförmig. Stengel mit stechenden Haaren besetzt, die auf weißlichen oder bräunlichen Knöpfchen sitzen. Blätter borstig-steifhaarig.

SV: An Wegrainen, an Bahndämmen und auf Schuttplätzen, seltener in Halbtrockenrasen; liebt lockeren, steinigen Boden; häufig.

A: V; ☉

Der Name „Natternkopf" bezieht sich auf die Blütenform. Insbesondere sollen die herausragenden Staubgefäße an die Schlangenzunge erinnern. Enthält ein für Warmblüter nicht giftiges Alkaloid und Gerbstoffe. Alte Heilpflanze.

Gewöhnliche Kugelblume

Globulária punctáta
Kugelblumengewächse
Globulariáceae

Mai–Juli
5–30 cm

SK: Keine Verwechslungsmöglichkeit mit anderen Gattungen.

B: Blüten in einzelnen, kugeligen, endständigen, 1–1,5 cm breiten Köpfchen, violettblau. Grundblätter rosettig, spatelförmig. Stengelblätter eiförmig bis lanzettlich. Einige ähnliche, nicht leicht unterscheidbare, seltene Arten.

SV: Trockenrasen, Halbtrockenrasen; liebt flachgründigen Boden; kalk-liebend; selten.

A: V; ♃; ☠

Der wissenschaftliche und der deutsche Gattungsname beziehen sich auf die Kugelform des Blütenstandes (lat. globus = Kugel). Die Gewöhnliche Kugelblume enthält das Glycosid Globularin. Heilpflanze.

Echtes Fettkraut

Blaues Fettkraut
Pinguícula vulgáris
Wasserschlauchgewächse
Lentibulariáceae

Mai – Juni
5 – 15 cm

SK: Keine Verwechslung möglich.

B: Blüten einzeln, blauviolett, 1 – 1,3 cm lang, gespornt, oft weißfleckig. Blätter grundständig, rosettig, gelblich, länglich oder elliptisch, ganzrandig, am Rande ohne Unterbrechung aufgebogen, klebrig.

SV: Flachmoore, nasse Felsen; liebt sickernassen, torfigen Boden oder nasse Felsspalten (hier oft auf Kalk); selten; an seinen Standorten zerstreut.

A: V; ♃

Insektenfressende Pflanze. Kleine Insekten, die über die Blätter laufen, bleiben kleben und werden an der Blattfläche verdaut. Das klebrige Sekret der Blätter enthält eiweißspaltende Enzyme und Labferment.

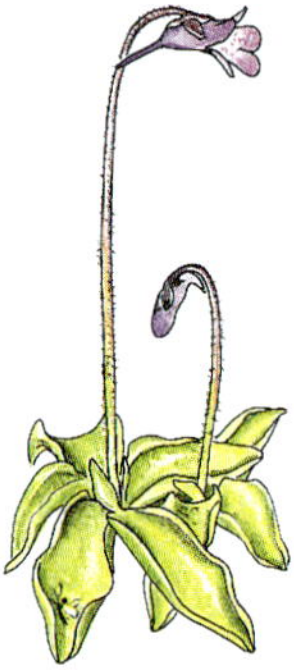

Efeu-Gundermann

Gundelrebe
Glechóma hederácea
Lippenblütengewächse
Lamiáceae (Labiátae)

März–Mai
15–60 cm

SK: Oberlippe flach. Stengel meist aufsteigend.

B: Wenigblütige, blattachselständige Scheinquirle. Blätter kahl, gestielt, nierenförmig oder fast herzförmig, gekerbt.

SV: Auwälder, feuchte Laubwälder, Mischwälder und Nadelforste, feuchte Wiesen; liebt feuchten, stickstoffhaltigen, humus- oder mullreichen Boden; sehr häufig.

A: V; ♃

In dem deutschen Gattungsnamen Gundermann steckt möglicherweise das gotische Wort „gund" = Eiter, Geschwür. Die Pflanze wurde früher als Wundheilmittel gebraucht. Sie enthält Gerbstoffe und einen Bitterstoff. Für Tiere ist sie giftig.

Kleine Braunelle

Gemeine Braunelle
Prunélla vulgáris
Lippenblütengewächse
Lamiáceae (Labiátae)

Mai–Oktober
10–20 cm

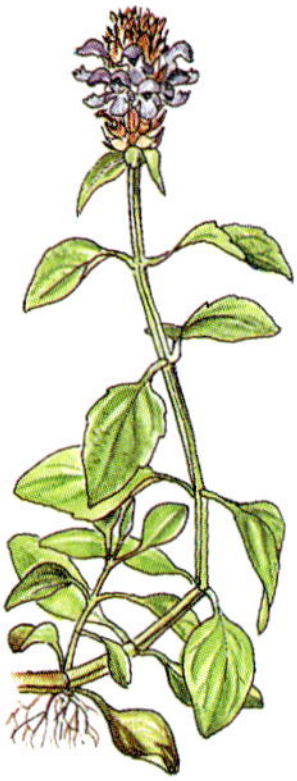

SK: Blüten 8–15 mm lang. Oberlippe helmförmig. Kelch zweilippig, etwa halb so lang wie die Blüte.

B: Blütenstand unmittelbar an die Blätter anschließend. Blätter gekreuzt-gegenständig, länglich-eiförmig, schwach gekerbt oder ganzrandig.

SV: Halbtrockenrasen, Wiesen, Waldlichtungen; liebt etwas feuchten Lehmboden; häufig.

A: V; ♃

Alte Heilpflanze. Enthält Gerbstoffe, Bitterstoff und ätherisches Öl. Früher Gurgelmittel gegen „Halsbräune". Dafür wurde es verwendet, weil man in dem braunvioletten Köpfchen einen Hinweis auf die arzneiliche Brauchbarkeit erblickte (Name).

Großblütige Braunelle

Prunélla grandiflóra
Lippenblütengewächse
Lamiáceae
(Labiátae)

Juni–August
5–25 cm

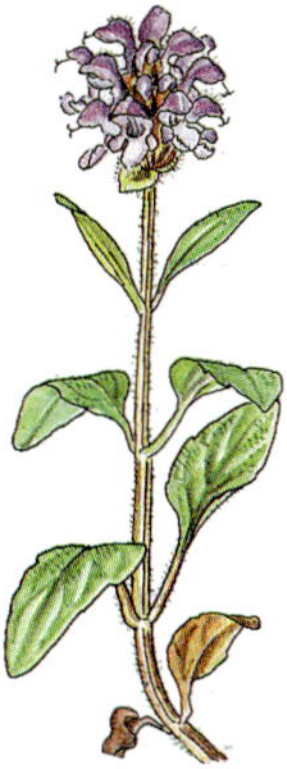

SK: Blüten 20–25 mm lang. Oberlippe helmförmig. Kelch zweilippig, etwa $^1/_3$ so lang wie die Blüte.

B: Blütenstand deutlich über den Blättern. Blätter ganzrandig oder schwach gekerbt.

SV: Trockenrasen und Halbtrockenrasen; liebt lockeren Boden; zerstreut.

A: V; ♃

Ideale Bestäuber für die großen Blüten sind Hummeln. Wenn sie ihren Kopf zwischen den Staubblättern hindurchzwängen, um an den Nektar zu gelangen, bepudern sie sich auf dem Rücken mit Blütenstaub. Erst wenn die Staubgefäße entleert sind, tritt der Griffel aus der Blüte heraus. Dies sichert Fremdbestäubung.

Kriech-Günsel

Kriechender Günsel
Ajúga réptans
Lippenblütengewächse
Lamiáceae (Labiátae)

Mai – Juni
15 – 30 cm

SK: Blüten ohne Oberlippe. Unterlippe dreilappig. Hochblätter ungeteilt. Pflanze mit Ausläufern. Grundblätter rosettig, spatelförmig, schwach gekerbt.

B: 6 – 12 Blüten in Scheinquirlen in den Blattachseln. Stengel vierkantig, zweireihig behaart oder fast kahl. Obere Stengelblätter gekreuzt-gegenständig.

SV: Laubwälder, Mischwälder, Nadelwälder, Wiesen; liebt etwas feuchten, nährstoffreichen, lehmigen Boden; sehr häufig.

A: V; ♃

Beim Kriechenden Günsel treten rosa oder weiß blühende Mutanten auf. Samen durch Ameisen verbreitet. Alte Heilpflanze. Enthält Gerbstoffe.

Heide-Günsel

Genfer Günsel
Ajúga genevénsis
Lippenblütengewächse
Lamiáceae (Labiátae)

April – Juni
5 – 30 cm

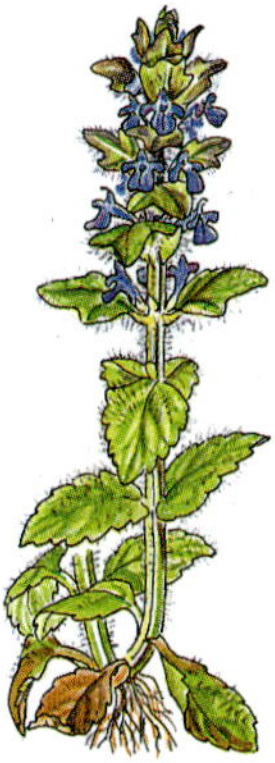

SK: Blüten ohne Oberlippe. Unterlippe dreilappig. Hochblätter tief in 3 Lappen gekerbt. Pflanze ohne Ausläufer.

B: 6 – 12 Blüten in Scheinquirlen in den Blattachseln und endständig. Stengel und Blätter zottig behaart. Nur wenige Grundblätter, die rasch vertrocknen. Stengelblätter stark gekerbt.

SV: Lichte Trockenwälder, Trockenrasen, Halbtrockenrasen, Wegraine; liebt kalkhaltigen lockeren Boden; wärmeliebend, zerstreut.

A: V; ♃

Der Genfer Günsel vermehrt sich außer durch Samen auch durch Wurzelknospen. Dies hat zur Folge, daß oftmals mehrere Stengel ziemlich dicht nebeneinander stehen.

Wiesen-Salbei

Sálvia praténsis
Lippenblütengewächse
Lamiáceae
(Labiátae)

Mai–Juli
20–60 cm

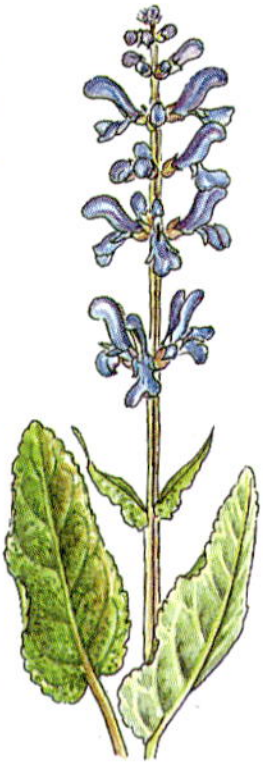

SK: Keine Verwechslung möglich.

B: Blüten in sechsblütigen Scheinquirlen. Stengel vierkantig, oben etwas klebrig. Blätter meist grundständig, eiförmig, doppelt gekerbt, ungeteilt oder dreilappig, runzelig.

SV: Halbtrockenrasen, Bergwiesen, Wegraine, liebt lockeren, nährstoffreichen und etwas kalkhaltigen Boden; erträgt zeitweilige Trockenheit, da seine Wurzeln oft bis etwa 1 m in die Tiefe reichen; wärmeliebend; sehr häufig.

A: V; ♃

Die Staubblätter und Griffel des Wiesen-Salbei sind gelenkig, so daß sie sich beim Einführen des Rüssels herabkrümmen und den Hinterleib der bestäubenden Insekten berühren.

Kappen-Helmkraut

Sumpf-Helmkraut
Scutellária galericuláta
Lippenblütengewächse
Lamiáceae (Labiátae)

Juni–August
10–40 cm

SK: Blüten 1–1,8 cm lang, Kelch oberseits mit einer Schuppe.

B: 1–8 blattachselständige, einseitswendige, blauviolette Blüten. Blätter gekerbt.

SV: Ufer, Röhricht stehender und fließender Gewässer, Riedgrasbestände; liebt sandigen oder torfigen Boden; selten.

A: V; ♃

Der deutsche und der wissenschaftliche Gattungsname (lat. scutellum = Schild) beziehen sich auf die Helmform, die den Kelch mit seiner Schuppe besonders während der Fruchtzeit auszeichnen. Die Nüßchen sind dank eines Luftgewebes schwimmfähig und werden gelegentlich verschwemmt.

Braune Haselwurz

Ásarum europāeum
Osterluzeigewächse
Aristolochiáceae

April – Mai
5 – 10 cm

SK: Keine Verwechslung möglich.

B: Blüten dicht über dem Boden oder im Mull; außen grünlichbraun, innen purpurbraun, kurz gestielt. Blütenstiele entspringen dem Wurzelstock, Blätter nierenförmig, glänzend. Pflanze riecht beim Zerreiben scharf.

SV: Laubwälder und Laubmischwälder, seltener in Nadelforsten und Auwäldern; liebt kalk- und humushaltigen, feuchten Boden; zerstreut.

A: G; ♃; ☠

Das Gift ist ein stark reizendes ätherisches Öl, das auf der Zunge pfefferartig scharf schmeckt. – „Haselwurz" ist wahrscheinlich aus dem wissenschaftlichen Namen verballhornt worden. Haselnuß oder Hase sind nicht namengebend.

Dorf-Gänsefuß

Guter Heinrich
Chenopódium bónus-henrícus
Gänsefußgewächse
Chenopodiáceae

Mai–August
10–60 cm

SK: Blätter spießförmig-dreieckig.
B: Endständige Ähren an Haupt- und Seitenzweigen. Stengel ohne Knoten. Blätter grasgrün, langgestielt, ganzrandig, am Rand leicht wellig. Pflanze locker mehlig bestäubt und leicht klebrig.
SV: Unkrautbestände an Mauern, Gräben, auch auf gut gedüngten Äckern, oft auf Komposthaufen oder Miststapeln; liebt humusreichen Boden; ausgesprochener Stickstoffzeiger; zerstreut.
A: G; ♃
Alte Arzneipflanze (Name). Enthält Saponine. Der Dorf-Gänsefuß wurde gelegentlich als Wildgemüse gegessen, und zwar hat man weniger die Blätter wie Spinat, sondern die jungen Triebe wie Spargel genutzt.

Weißer Gänsefuß

Chenopódium álbum
Gänsefußgewächse
Chenopodiáceae

Juli – September
20 – 150 cm

SK: Blütenstand mehlig bestäubt. Blätter hellblaugrün, ei-rautenförmig bis lanzettlich, gezähnt.

B: Scheinähre aus Blütenknäueln, Stengel ohne Knoten. Mehrere ähnliche, schwer unterscheidbare, aber seltene Arten.

SV: Unkrautbestände auf Äckern und Schuttplätzen, tritt oftmals als eine der ersten Pflanzen auf bloßgelegten Böden (Baustellen) auf; stickstoffliebend; häufig.

A: G; ⊙

Der Weiße Gänsefuß gehört zu den Pflanzen, die man früher als Wildgemüse genutzt hat. Die Blätter wurden wie Spinat zubereitet. Aus den Samen hat man Mehl gemahlen, das man in Notzeiten dem Brot beigemischt hat.

Gemeiner Queller

Glasschmalz
Salicórnia europāea
Gänsefußgewächse
Chenopodiáceae

August–November
5–45 cm

SK: Keine Verwechslung möglich.

B: Blüten unscheinbar, meist zu 3 in den Achseln von scheidenförmigen Tragblättern. Stengel knotig gegliedert, an den Knoten eingeschnürt, glasig-fleischig, grün bis schmutzig-rot, armleuchterartig verzweigt. Ohne Blätter.

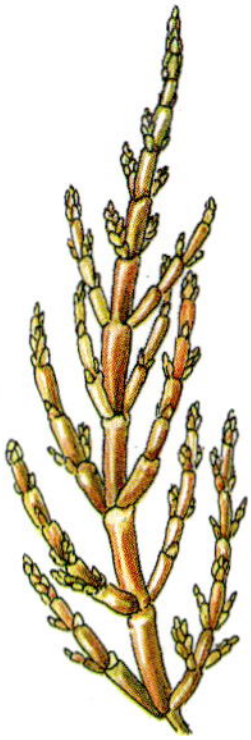

SV: Schlickwatt; erträgt Überflutung und ziemlich hohen Salzgehalt; an schlickreichen, flachen Küsten häufig; angepflanzt, um den Schlickabsatz zu fördern.

A: G; ⊙–⊙

Ausgesprochene Salzpflanze, die mehrere Prozent Salzgehalt erträgt. Neuerdings ist es in Mode gekommen, Sprosse des Quellers als Salat zuzubereiten, der allerdings etwas fad schmeckt.

Große Brennessel

Úrtica dióica
Nesselgewächse
Urticáceae

Juni–Oktober
60–150 cm

SK: Blätter länger als ihr Stiel, gekreuzt-gegenständig. Pflanze mit Brennhaaren.

B: Blütenrispen lang, hängend. Pflanze zweihäusig (links männlich, rechts weiblich).

SV: Schuttplätze, Wegränder, feuchte Stellen in Laub- und Nadelwäldern; Stickstoffzeiger, in Wäldern auch Nässezeiger; sehr häufig.

A: G; ♃; (☠)

In den Brennhaaren befindet sich ein noch nicht näher erforschtes Nesselgift und der Eiweißstoff Histamin. Beide zusammen rufen – auf oder unter die Haut gebracht – Nesselquaddeln hervor. Dazu genügt schon ein zehnmillionstel Gramm. Der Giftstoff wird durch Kochen (z. B. beim Herstellen von „Brennesselspinat“) zerstört.

Gemeiner Frauenmantel

Wiesen-Frauenmantel
Alchemílla vulgáris
Rosengewächse
Rosáceae

Mai – Oktober
15 – 50 cm

SK: Blüten in endständiger, oben kahler Rispe, klein. Ihre Hülle besteht nur aus den Kelchblättern. Blätter sieben- bis elflappig, gezähnt.

B: Blätter im Umriß rundlich-nierenförmig. Die Art wird neuerdings in zahlreiche Kleinarten aufgeteilt.

SV: Wiesen, Wälder, Waldwege; liebt lehmigen, feuchten Boden; kalkscheu; häufig.

A: G; ♃

Der Name „Frauenmantel" bezieht sich auf die Blattform, die an einen überwurfartigen Mantel erinnert, wie er auf alten Marienbildern oft dargestellt ist. An den Blattzähnen befinden sich Wasserspalten, aus denen in feuchten Nächten Wasser in Tropfen ausgeschieden wird.

Kleiner Wiesenknopf

Sanguisórba mínor
(Potérium sanguisórba)
Rosengewächse
Rosáceae

Mai – Juni
20 – 70 cm

SK: Keine Verwechslungsmöglichkeit.

B: Blütenköpfchen kugelig-eiförmig. Blüten meist eingeschlechtig, die unteren männlich, die mittleren zwittrig, die oberen weiblich. Blütenblätter fehlen. Blätter 10 bis 20 cm lang, mit 5 – 17 rundlichen, gezähnten Teilblättchen.

SV: Trockenrasen, Halbtrockenrasen, Wegraine, trockene Gebüsche und lichte Trockenwälder; liebt lockeren Boden; kalkliebend; wärmeliebend; zerstreut.

A: G; ♃

Die Arten der Gattung Wiesenknopf gehören zu den wenigen windblütigen Rosengewächsen. – Der Kleine Wiesenknopf enthält vor allem im Wurzelstock Gerbstoffe. Alte Heilpflanze.

Europäisches Pfaffenhütchen

Spindelstrauch, Spindelbaum
Euónymus europaea
Spindelbaumgewächse
Celastráceae

Mai
2–3 m

SK: Junge Zweige deutlich vierkantig.

B: Blüten in blattachselständigen, armblütigen Rispen, weißlichgrün. Samen mit auffälligem hellrot-orange-gelbem Samenmantel. Blätter gekreuzt-gegenständig, eiförmig-lanzettlich.

SV: Auwälder, Laubwälder, Mischwälder, Waldränder, Gebüsche; liebt etwas feuchten, tiefgründigen, lehmigen Boden; zerstreut.

A: G; ♄; ☠

Enthält im Samen einen giftigen Bitterstoff. Daneben kommen in den Samen Alkaloide und – wohl in der ganzen Pflanze – Digitalisglycoside vor, die ebenfalls giftig sind. – Die Form des Samenmantels erinnert an das Barett eines katholischen Priesters.

Süße Wolfsmilch

Euphórbia dúlcis
Wolfsmilchgewächse
Euphorbiáceae

Mai–Juni
10–50 cm

SK: Trugdolde drei- bis fünfstrahlig. Drüsen im Hüllbecher in jungen Blüten gelb, grün, dann rotgelb bis purpurrot.

B: Stengel aufrecht. Blätter 2,5–6 cm lang und 1–2 cm breit, verkehrt-eiförmig oder länglich-lanzettlich. Pflanze führt weißen Milchsaft.

SV: Laubwälder, Mischwälder, Trockenwälder, Auwälder; liebt mullreichen, lockeren und etwas kalkhaltigen Boden; zerstreut.

A: G; ♃; ☠

Die Süße Wolfsmilch gedeiht noch an Stellen, an denen sie nur etwa 10% des vollen Tageslichts erhält. Ihre dünnen Blätter sind eine Anpassung an schattige Wuchsorte. – Enthält in dem Milchsaft giftige Diterpene.

Wald-Bingelkraut

Mercuriális perénnis
Wolfsmilchgewächse
Euphorbiáceae

April – Mai
15 – 30 cm

SK: Entweder nur weibliche (rechts) oder nur männliche (links) Blüten. Stengel rund. Blätter gegenständig.

B: Blüten in ährigen, blattachselständigen Knäueln. Blätter gestielt, eiförmig-lanzettlich, dunkelgrün, Pflanze riecht zerrieben widerlich.

SV: Laubwälder, Mischwälder, Bergwälder, Gebüsche, Auwälder; liebt mull- und nährstoffreichen, etwas steinigen Boden; sehr häufig.

A: G; ♃; ☠

Der wissenschaftliche Gattungsname verweist auf die griechische Sage. Nach ihr soll der Gott Merkur die Heilkräfte des Bingelkrauts entdeckt haben. Heilpflanze. Enthält Saponine, ätherisches Öl und Bitterstoffe.

Breit-Wegerich

Großer Wegerich
Plantágo májor
Wegerichgewächse
Plantagináceae

Juni–Oktober
15–30 cm

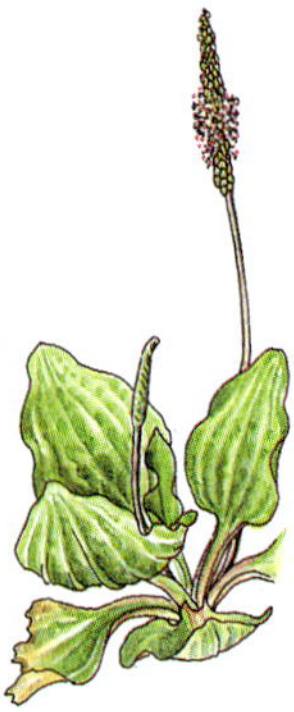

SK: Stengel etwa so lang wie die Blütenähre. Blattfläche höchstens doppelt so lang wie der Blattstiel.

B: Lange, dichte Ähre. Blüten unscheinbar. Staubblätter gelblichweiß, Pollensäcke hellviolett. Blätter rosettig, ganzrandig.

SV: Wege, Wegraine, Schuttplätze, Sportplätze, Wiesen und Weiden; liebt etwas feuchten, sandigen oder lehmigen Boden; stickstoffliebend; trittunempfindlich; sehr häufig.

A: V; ♃

Die Samen des Großen Wegerichs bleiben an den Pfoten von Tieren, ja sogar an den Schuhen haften und werden so verschleppt. Alte Heilpflanze. Enthält Schleimstoffe.

Spitz-Wegerich

Plantágo lanceoláta
Wegerichgewächse
Plantagináceae

Mai–Oktober
5–50 cm

SK: Ähre kurz. Blüten unscheinbar. Staubfäden weißlich, später braun.

B: Stengel gefurcht. Blätter rosettig, lanzettlich.

SV: Wiesen, Weiden, Wegränder, Schuttplätze; liebt nährstoffreichen, sandigen oder lehmigen Boden; stickstoffliebend; sehr häufig.

A: V; ♃

Der Spitz-Wegerich enthält Schleimstoffe, Gerbstoffe, Flavonoide, Kieselsäure und etwas Aucubin. Alte Heilpflanze. Wegen des Gehalts an Gerbstoffen hat man den Preßsaft aus den Blättern früher als Blutstillmittel gebraucht. Gerbstoffe wirken auf Blutgefäße „adstringierend", d.h. zusammenziehend. Vielleicht kommt dem Preßsaft auch eine geringe keimtötende Wirkung zu.

Breitblättriger Rohrkolben

Týpha latifólia
Rohrkolbengewächse
Typháceae

Juni – August
90 – 250 cm

SK: Der männliche Kolben sitzt dem etwa gleich langen weiblichen Kolben fast unmittelbar auf.
B: Männliche und weibliche Blüten in langzylindrischen, etwa gleich langen Kolben, sehr klein. Weibliche Kolben schwarzbraun. Blätter 10–20 mm breit, blaugrün.
SV: Röhricht, vor allem stehender Gewässer; nährstoffliebend; Verlandungspionier; häufig.
A: M; ♃

Die Blütenstände der Rohrkolben-Arten werden häufig als Bestandteile von Trockensträußen verwendet. Früher sammelte man auch die Blätter. Nachdem man sie etwas getrocknet hatte, verwendete man sie, um die Fugen zwischen den Dauben der Fässer zu dichten.

Gefleckter Aronstab

Zehrwurz
Árum maculátum
Aronstabgewächse
Aráceae

April – Juni
15 – 50 cm

SK: Keine Verwechslung möglich.

B: Blüten stehen unten an einem keulenförmigen Kolben, der von einem grünlichweißen, oft rot überlaufenen Hüllblatt umgeben wird. Die männlichen Blüten sitzen über den weiblichen Blüten. Blätter pfeilförmig, oft ganz schwach dunkelgrün bis braun gefleckt. Beeren rot.

SV: Feuchte Laubmischwälder und Auwälder, Gebüsche; zeigt nährstoffreichen, humosen und oft lehmigen Boden an; wärmeliebend; zerstreut.

A: M; ♃; ☠

Der Blütenstand des Aronstabs ist eine Fliegenkesselfalle. Durch Aasgeruch, der der Keule entströmt, werden Fliegen und andere Insekten angelockt.

Stinkende Nieswurz

Hellĕborus foetidus
Hahnenfußgewächse
Ranunculáceae

März–April
30–50 cm

SK: Blüten glockig. Blätter handförmig geteilt. Stengel von unten an beblättert.

B: Blütenblätter zu Honigblättern umgebildet. Blüte besteht nur aus den Kelchblättern. Stengel vielblütig. Grundblätter fehlen. Untere Blätter gestielt, handförmig geteilt (sieben- bis neunteilig). Obere Blätter sitzend, einfach bis dreispaltig.

SV: Trockenwälder, trockene Gebüsche, besonders an lichten Stellen; liebt kalkhaltigen, lockeren Boden; zerstreut.

A: G; ♃; ☠

Die Stinkende Nieswurz leidet unter Frühjahrsfrost. Trotz ihrer Standorte auf trockenen Böden braucht sie eine im Durchschnitt hohe Luftfeuchtigkeit.

Bach-Nelkenwurz

Géum rivále
Rosengewächse
Rosáceae

April–Juni
30–50 cm

SK: Keine Verwechslungsmöglichkeit.

B: Stengel mehrblütig, nickend, zum Teil 6 Blütenblätter. Kelch rotbraun, Blütenblätter rötlichgelb. Blätter gefiedert. Endblättchen groß, Teilblättchen gelappt-gesägt bis fiederspaltig.

SV: Nasse Wiesen, Flachmoore, lichte Auwälder; liebt grundwasserfeuchte Böden; häufig.

A: G; ♃; (☠)

Der Wurzelstock der Bach-Nelkenwurz duftet nach Nelkenöl (Name). Die Blüte wird vorwiegend von Hummeln bestäubt. Dabei beißen die kurzrüsseligen Erdhummeln die Blüten oftmals von oben an, um an den reichlich vorhandenen Nektar zu kommen. Der Wurzelstock enthält das schwach giftige Eugenol. Alte Heilpflanze.

Feld-Ahorn

Maßholder
Ácer campéstre
Ahorngewächse
Aceráceae

Mai
3–20 m

SK: Blätter fünflappig, Lappen wiederum stumpfgelappt. Blätter 4–7 cm lang.

B: Blüten in aufrechten, doldigen Trauben, grüngelb. Rinde der jungen Zweige braun, der älteren graubraun, netzartig rissig.

SV: Laubwälder, Mischwälder, Trockenwälder, Gebüsche; liebt kalkhaltigen Boden; häufig.

A: G; ♄

Der Feld-Ahorn ist weniger als Baum in Waldgesellschaften von Bedeutung, sondern als heckenbildender Strauch am Waldrand und in Feldgehölzen. Obschon er erst mit etwa 25 Jahren blühreif wird, gilt er als „Bienenweide“, zumal in geeigneten Jahren auch die Blätter „Honig“ absondern.

Berg-Ahorn

Trauben-Ahorn
Ácer pseudo-plátanus
Ahorngewächse
Aceráceae

Mai–Juni
20–25 m

SK: Blätter fünflappig, Lappen am Rande gesägt.
B: Blütentrauben am Ende der Zweige, hängend. Pflanze zur Blütezeit beblättert.
SV: Schluchtwälder, Mischwälder; liebt lockeren, etwas steinigen und feuchten Boden; zerstreut; auch als Parkbaum angepflanzt.
A: G; ♄

Das Holz des Berg-Ahorns war schon in vorgeschichtlicher Zeit ein geschätztes Werkholz. So wurde es z. B. von den Pfahlbauleuten zur Herstellung von Stielen und Schäften verwendet. Das ist wegen der Härte des Holzes bemerkenswert. Noch heute ist es wegen dieser Eigenschaft und wegen seiner feinen Maserung ein geschätztes Möbelholz.

Gemeiner Efeu

Hédera hélix
Araliengewächse
Araliáceae

August–Oktober
bis 15 m

SK: Pflanze klettert mit Haftwurzeln.

B: Blüten in halbkugeligen Doldentrauben. Blätter junger Pflanzen drei- bis fünflappig, die der blühenden an den oberen Ästen den Blättern eines Birnbaumes ähnlich. Beeren braun-schwarz.

SV: Laubwälder, Mischwälder, seltener Nadelwälder, Auwälder, auch an Mauern, Felsen und in Parks; frostempfindlich; häufig.

A: G; ♄; ☠

Der Efeu kann erst vom 8.–10. Lebensjahr an blühen. An kühlen Standorten wird er möglicherweise nie blühreif. Er kann sicher 400–500 Jahre, vielleicht sogar 1000 Jahre alt werden. Die Pflanze enthält, besonders in den Beeren, giftige Saponine. Alte Heilpflanze.

Heidelbeere

Blaubeere, Bickbeere
Vaccínium myrtíllus
Heidekrautgewächse
Ericáceae

Mai–Juni
15–30 cm

SK: Zweige kantig, grün. Blätter schwach gekerbt, beiderseits grün.

B: Blüten einzeln in den Blattachseln. Stengel aufrecht oder aufsteigend, stark verzweigt. Blätter eiförmig, spitz, sommergrün. Beere dunkelblau.

SV: Wälder, Moore, alpine Matten; liebt saure, lockere Böden; sehr häufig.

A: V; ♄

Die Heidelbeere ist ein geschätztes Wildobst, das vielfach gesammelt und zu Kompott oder zu Marmelade verarbeitet wird. Heidelbeeren enthalten pro 100 g Frischgewicht um 13 g Zucker und um 20 mg Vitamin C. Allerdings ist der Gehalt an Mineralstoffen in ihnen eher niedrig. Alte Heilpflanze (Gerbstoffe in den Blättern).

Gemeines Moschuskraut

Gemeines Bisamkraut
Adóxa moschatellína
Moschuskrautgewächse
Adoxáceae

März – April
8 – 10 cm

SK: Keine Verwechslung möglich.

B: Blüten in einem gestielten, endständigen Köpfchen, unscheinbar, grüngelb. Stengel aufrecht. Grundblätter langgestielt, doppelt dreiteilig. Blüten riechen schwach faulig, Blätter moschus- oder bisamartig (Name).

SV: Auwälder, Schluchtwälder, feuchte Laubwälder und Gebüsche; liebt lockeren, feuchten, stickstoffhaltigen Lehmboden; selten; tritt an seinen Standorten meist in Rudeln auf.

A: V; ♃

„Adoxos" bedeutet die „Ruhmlose". Linné nannte die Pflanze so, weil sie wegen der wechselnden Zahl von Blütenzipfeln nicht in sein System zu passen schien.

Schwarze Tollkirsche

Átropa belladónna
Nachtschattengewächse
Solanáceae

Juni – Juli
50 – 150 cm

SK: Keine Verwechslungsmöglichkeit.

B: Blüten einzeln in den Blattachseln, nickend. Beere schwarz, glänzend, kirschenähnlich. Blätter eiförmig, in den Stiel herablaufend.

SV: Kahlschläge, lichte Stellen in Laub-, Misch- und Nadelwäldern, Waldränder; liebt lockeren, etwas kalkhaltigen und humusreichen Boden; lichtbedürftig; häufig.

A: V; ♃; ☠

Das Epitheton „belladonna" („schöne Frau", lat.) des wissenschaftlichen Artnamens bezieht sich auf die pupillenvergrößernde Wirkung des Alkaloids Atropin. Heilpflanze. Enthält stark giftige Alkaloide, vor allem Hyoscyamin, etwas Atropin und Scopolamin.

Weißer Germer

Nieswurz
Verátrum álbum
Schwarzliliengewächse
Melanthiáceae

Juni – August
50 – 150 cm

SK: An den wechselständigen Blättern auch im nichtblühenden Zustand sicher von dem im Wuchs ähnlichen Gelben Enzian zu unterscheiden, der gegenständige Blätter hat. Blätter riechen stark. Rhizom knollig.

B: Blüten in endständiger Rispe, innen oft weiß, außen grünlich.

SV: Alpine Lägerflur (hier häufig), Flachmoore und Auwälder (selten); stickstoff- und etwas kalkliebend; Alpen und Alpenvorland; sonst selten.

A: M; ♃; ☠

Der Germer blüht erst nach mehreren Jahren. An Giftstoffen enthält er die Alkaloide Protoveratrin und Germarin; sie wirken unter anderem durch Reizung der Nervenenden in der Haut.

Vierblättrige Einbeere

Páris quadrifólia
Dreiblattgewächse
Trilliáceae

Mai–Juni
15–30 cm

SK: Keine Verwechslungsmöglichkeit.

B: Blüte über einem Quirl aus 4, seltener aus 3 oder 5 Blättern. Frucht kaum kirschgroße, blauschwarze Beere.

SV: Laubwälder, Laubmischwälder, Weißtannenbestände; liebt nährstoffreichen, humosen, feuchten Lehmboden; zerstreut.

A: M; ♃; ☠

Die Vierblättrige Einbeere enthält giftige Saponine, auch in der Beere, die dadurch unangenehm bitter schmeckt. Der lateinische Gattungsname verweist auf die griechische Mythologie. Die Beere symbolisiert den Eris-Apfel, um den sich Paris, Athene, Hera und Aphrodite versammelten. Die Blüten der Einbeere sind geruchlos.

Knotige Braunwurz

Scrophulária nodósa
Braunwurzgewächse
Scrophulariáceae

Juni–September
60–140 cm

SK: Stengel vierkantig, aber nicht geflügelt.

B: Endständige Rispe. Blüten braun-purpurn. Blätter kreuzgegenständig, ungeteilt, eiförmig-länglich oder herzförmig, doppelt gesägt, kahl.

SV: Laubwälder, Mischwälder, Nadelwälder, Auwälder, Bruchwälder, Kahlschläge, seltener an Gräben und Ufern; liebt grundwasserfeuchten, lockeren, nährstoffreichen, lehmigen Boden; häufig.

A: V; ♃; (☠)

Der wissenschaftliche und der deutsche Gattungsname beziehen sich sowohl auf die braune Blütenfarbe als auch auf die Verwendung der Braunwurz gegen Halserkrankungen (lat. scrophula = Halsgeschwür).

Geflügelte Braunwurz

Scrophulária umbrósa
(S. aláta)
Braunwurzgewächse
Scrophulariáceae

Juni – August
40 – 140 cm

SK: Stengel breit geflügelt.

B: Trugdoldige Rispe. Blüten braunrot, am Grund grünlich. Stengel aufrecht oder aufsteigend. Blätter gegenständig, kahl. Blattstiele geflügelt.

SV: Röhricht stehender und fließender Gewässer, Gräben; liebt schlammigen, zeitweise überfluteten, etwas kalkhaltigen Boden; zerstreut.

A: V; ♃; (☠)

Die Geflügelte Braunwurz enthält Saponine, Flavone und in geringen Mengen Digitalis-Glycoside. Alte Heilpflanze. – Die verhältnismäßig kleinen Blüten wirken durch ihren Helligkeitskontrast. Oft sind Wespen die Bestäuber. Die Samen werden teilweise durch das Wasser verschwemmt.

Großes Zweiblatt

Lístera ováta
Orchideengewächse
Orchidáceae

Mai–Juni
20–65 cm

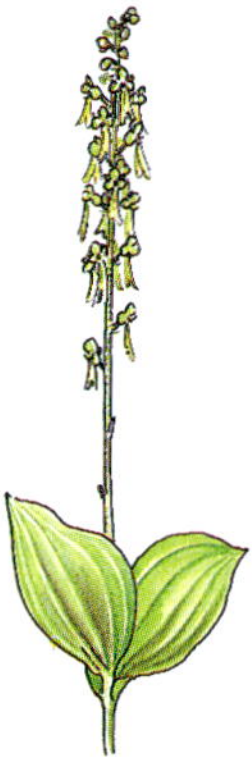

SK: Stengel trägt nur 2 gegenständige, eiförmige Blätter. Lippe ohne Sporn.

B: Vielblütige Traube. Lippe ohne Sporn, lang, tief zweispaltig.

SV: Laubwälder, Laubmischwälder, Nadelwälder, Halbtrockenrasen, seltener auf feuchten Wiesen; liebt kalkhaltige, feuchte Böden; zerstreut.

A: M; ♃; ▽

Das große Zweiblatt wird vorzugsweise von Schlupfwespen und Käfern bestäubt. Sobald der Bestäuber das Rostellum berührt, platzt dieses und setzt ein Schleimpfröpfchen frei, das das Pollenpaket an den Kopf des Bestäubers klebt. Mit Geschick kann man dies mit einem Grashalm auslösen.

Breitblättrige Sitter

Breitblättrige Sumpfwurz
Epipáctis helleboríne
Orchideengewächse
Orchidáceae

Juni – August
20 – 70 cm

SK: Lippe ohne Sporn. Blüten leicht hängend. Blütenblätter abstehend.

B: Einseitswendige Traube. Lippe spitz. Fruchtknoten allmählich in den Stiel verschmälert, beide gedreht. Stengel nur schwach behaart. Blätter wechselständig, breit-eiförmig, stengelumfassend, auf den Nerven behaart. Pflanze grün, an schattigen Standorten violett überlaufen.

SV: Laubmischwälder, Laubwälder, Nadelforste und Trockenwälder; liebt lockeren, kalkhaltigen, mullreichen Lehmboden; zerstreut.

A: M; ♃; ▽

Bei der Breitblättrigen Sitter ist die Lippe in 2 Abschnitte gegliedert. Im hinteren, eingewölbten Teil wird Nektar abgeschieden.

Spinnen-Ragwurz

Óphrys sphecódes
(Óphrys aranífera)
Orchideengewächse
Orchidáceae

Mai–Juli
15–30 cm

SK: Lippe ohne Sporn, groß, samtig behaart, ähnelt dem Hinterleib einer Kreuzspinne. Äußere Blütenblätter ausgebreitet, gelbgrün.

B: Wenigblütige Ähre. Lippe breit, sackartig, gewölbt, ungeteilt, in der Mitte mit 2–4 kahlen Längslinien, purpurrot, gegen den Rand gelblich. Stengel meist nur unten beblättert.

SV: Halbtrockenrasen und lichte Trockenwälder; liebt humose, lockere, kalkhaltige Böden; wärmeliebend; sehr selten.

A: M; ♃; ▽

Die Spinnen-Ragwurz verdankt ihren Namen der Form ihrer Lippe. Über die Befruchtung siehe Fliegen-Ragwurz, über Bastarde siehe Hummel-Ragwurz.

Fliegen-Ragwurz

Fliegenstendel, Fliegen-Orchis
Óphrys insectífera
Orchideengewächse
Orchidáceae

Mai–Juli
10–40 cm

SK: Lippe ohne Sporn, groß, samtig, behaart. Ganze Blüte fliegenähnlich.

B: Wenigblütige Ähre. Äußere Blütenblätter ausgebreitet, grünlich bis gelblichgrün. Lippe tief dreispaltig, purpurrot, in der Mitte mit einem fast kahlen, viereckigen, bläulichen Fleck.

SV: Halbtrockenrasen und lichte Trockenwälder; wärmeliebend; selten.

A: M; ♃; ▽

Die Blüte erscheint nicht nur dem menschlichen Auge insektenähnlich, sondern auch den Männchen bestimmter Hautflügler (Grabwespen). Sie fliegen die Blüte an und versuchen, die Unterlippe zu begatten. Dabei übertragen die Grabwespenmännchen die Pollenpakete.

Hummel-Ragwurz

Hummel-Orchis
Óphrys holoserícea (Ó. fucifióra)
Orchideengewächse
Orchidáceae

Juni
15–30 cm

SK: Lippe ohne Sporn, groß, samtig behaart, ähnelt dem Hinterleib einer Hummel.

B: Wenigblütige Ähre. Äußere Blütenblätter ausgebreitet, weiß oder rötlich. Lippe breit, an der Spitze mit einem aufwärts gebogenen Anhängsel, braunrot, gelblich gezeichnet.

SV: Halbtrockenrasen; liebt tiefgründige, kalkhaltige Böden; wärmeliebend; selten.

A: M; ♃; ▽

Die Hummel-Ragwurz verdankt ihren Namen der Form ihrer Lippe. Von den Ragwurzarten sind nicht nur viele in der Blütenform, in der Farbe und in der Zeichnung abweichende Individuen bekannt geworden, sondern auch viele Bastarde mit anderen Arten der Gattung.

Bienen-Ragwurz

Bienen-Orchis
Óphrys apífera
Orchideengewächse
Orchidáceae

Juni–Juli
15–30 cm

SK: Lippe ohne Sporn, groß, samtig behaart, länger als breit.

B: Wenigblütige Ähre. Äußere Blütenblätter ausgebreitet, weiß oder rötlich. Lippe mit zurückgeschlagenem Anhängsel, braunrot, gelblich gezeichnet.

SV: Halbtrockenrasen und lichte Trockenwälder; Gebüsche; liebt tiefgründige, lockere, kalkhaltige Böden; wärmeliebend; sehr selten.

A: M; ♃; ▽

Obschon bei der Bienen-Ragwurz Selbstbestäubung vorherrscht, sind Bastarde mit mehreren anderen Ophrys-Arten bekannt geworden. Dies ist erstaunlich, weil sie von allen heimischen Arten der Gattung am spätesten blüht.

Register

A

B

H

N

O

P

Q

R

S

Z

Bildnachweis

Fürst (S. 33 Ml, 70 r, 424), **Garnweidner** (S. 144), **Haberer** (S. 33 oM, 278 l), **Jacobi** (S. 432 r), **Klees** (S. 277), **König** (S. 117 r, 407), **Laux** (S. 30 ol, 30 or, 31 uM, 31 ur, 32 Mr, 32 uM, 33 ur, 34 ol, 34 or, 34 ur, 38, 53 r, 61, 64, 67, 68 l, 71, 75 r, 84, 86, 89, 90 l, 94, 95, 104, 109, 120 r, 123, 129, 135, 151 r, 152, 166, 169, 182, 186, 236, 246, 247, 249, 250, 252 r, 254, 259, 263, 265, 283, 309, 312, 317, 322, 323, 325, 353, 363, 369, 381, 396, 415, 427, 428, 434), **Layer** (S. 30 ul, 31 ol, 73 r, 87, 97, 187), **Marktanner** (S. 32 Ml), **Pforr** (S. 31 M, 32 M, 33 Mr, 34 uM, 66, 74 r, 102, 105, 181, 213, 224, 274, 296, 299 r, 344, 374), **Reinhard-Tierfoto** (S. 2/3, 30 Ml, 32 ur, 46 r, 51, 52, 107, 192, 193, 201, 215, 280), **Schönfelder** (S. 30 oM, 30 uM, 30 ur, 31 Ml, 31 Mr, 32 oM, 32 ur, 33 or, 33 M, 33 uM, 34 oM, 37, 39, 47, 48 r, 49, 76 r, 88, 90 r, 92 r, 93 l, 96, 99, 103, 114, 118 r, 119 r, 139, 155, 167 r, 176, 177, 185 r, 195, 197, 203, 206, 210, 216, 220, 240, 245, 262, 275, 299 l, 300, 327, 330, 345, 357, 371, 409, 411 r, 418, 420, 423 r), **Schrempp** (S. 31 or, 55, 128 r, 157, 276, 278 r, 307, 313, 390, 397, 404), **Wothe** (S. 43, 77 r, 93 r, 156, 158, 190, 243, 425, 426). Alle anderen Aufnahmen vom Autor.